Über die Autorin:
Verbraucheranwältin Manuela Reibold-Rolinger berät seit 20 Jahren in ihrer Kanzlei Bauherren. Die teils existenzbedrohenden Schicksale ihrer Mandanten wecken den Kampfgeist in ihr – ebenso wie arrogante Finanzierungsberater und Baufirmen, die ihr als Frau nichts zutrauen. In *Die Bauretter* auf RTL II und anderen Fernsehformaten ist sie regelmäßig als Rechtsexpertin zu sehen. Manuela Reibold-Rolinger ist verheiratet und lebt in Mainz.

Manuela Reibold-Rolinger

Das war im Plan nicht eingezeichnet

Meine Erlebnisse als Bauretterin

Besuchen Sie uns im Internet:
www.knaur.de

Originalausgabe Oktober 2016
Knaur Taschenbuch
© 2016 Knaur Verlag
Ein Imprint der Verlagsgruppe
Droemer Knaur GmbH & Co. KG, München
Alle Rechte vorbehalten. Das Werk darf – auch teilweise –
nur mit Genehmigung des Verlags wiedergegeben werden.
Unter Mitarbeit von: Steffen Geier
Redaktion: Roman Schmid
Covergestaltung: ZERO Werbeagentur, München
Coverabbildung: Steffi Henn Photography
Satz: Sandra Hacke
Druck und Bindung: CPI books GmbH, Leck
ISBN 978-3-426-78858-5

2   4   5   3   1

Alle in diesem Buch beschriebenen Fälle beruhen auf wahren Begebenheiten. Die Namen von Personen und Firmen sowie die angegebenen Orte, Firmenadressen und Websites sowie einige Personenbeschreibungen wurden zum Schutz der Persönlichkeitsrechte verändert.

*Ich widme dieses Buch meinem Mann,
meinen Kindern und meinen Eltern, die mich
in meinen Vorhaben immer unterstützt haben.
Ihr seid mein Rückenwind!*

Inhalt

Einleitung

Kein Bau ohne Mängel

Fachanwältin für Baurecht? Das klingt in den Ohren der meisten Menschen erst einmal wahnsinnig trocken, staubig und nicht zuletzt irgendwie unangenehm – schließlich begegnet man Anwälten doch meist nur dann, wenn es irgendwelche Missverständnisse oder Ärger gegeben hat und sich Streitigkeiten derart festgefahren haben, dass eine Lösung ohne Hilfe von außen nicht mehr möglich scheint. Und abgesehen davon klingt es auch nach jeder Menge Fachchinesisch, obwohl es beim Bauen doch eigentlich nur um Ziegelsteine, Dachpfannen und Mörtel geht, oder? Für einen »normalen« Menschen ist Juristendeutsch in der Tat oft nur schwer zu verstehen, da bildet Bau- und Architektenrecht leider keine Ausnahme. Das alles macht mich und meine Kollegen jedenfalls nicht gerade zur Nummer eins unter den beliebtesten Zeitgenossen, ich weiß.

Wer nun aber glaubt, dass es in meinem Alltag nur darum geht, dicke Akten zu wälzen, komplizierte Baupläne zu studieren, unverständliche Paragrafen zu zitieren und am Ende hübsche Rechnungen zu stellen, der irrt gewaltig. Denn selbst auf den katastrophalsten Baustellen, zwischen nassen Kellern und wackeligen Dächern, geht es am Ende immer um Menschen aus Fleisch und Blut. Das ist es, was mich bis heute am meisten für meinen Beruf begeistert! Und weil es für jeden Häuslebauer das größte Projekt seines Lebens ist, stecken da viel mehr Emotionen drin, als man bei einem ersten Blick auf den Bauplan vermuten würde. Denn in Wahrheit geht es natürlich gar nicht um Stahlbeton, Wärmedämmung und Abwasserrohre, sondern um den großen Traum von den eigenen vier Wänden, von Heimat und Nestwärme.

Des Deutschen heiligstes Spielzeug mag ja weiterhin sein Auto bleiben, ich kann aus meiner Erfahrung aber guten Gewissens behaupten: Kaum etwas bringt das Blut mehr in Wallung als Pfusch und Betrug am Bau – da kann die Immo*bil*ie mit dem Auto*mobil* locker mithalten! Beide bewegen uns auf ihre Weise in unserem tiefsten Innern. Sosehr technische Entwicklungen auch beim Hausbau fortschreiten, ein Eigenheim weckt in vielen Menschen gewissermaßen die Urinstinkte.

Gerade dort, wo beim Bau etwas nicht so läuft wie geplant, tritt das Menschliche besonders spür- und sichtbar zutage. Glauben Sie mir, ich habe nicht nur selbst gebaut, ich bin seit rund zwanzig Jahren als Anwältin für Verbraucherbaurecht selbständig und habe eine ganze Menge Baustellen kennengelernt – über 3000 dürften es mittlerweile gewesen sein. Und vor allem habe ich die Menschen hinter diesen Baustellen kennengelernt. Von ihren Geschichten kann man am besten lernen, und deshalb möchte ich Ihnen in diesem Buch einige der »Highlights« aus meiner Erfahrungsschatzkiste erzählen: mit und ohne Happyend, glückliche und tragische, von gescheiterten und geretteten Bauprojekten. Sie, liebe Leserinnen und Leser, treffen auf den folgenden Seiten auf leichtsinnige Familien, stümperhafte Architekten, gnadenlose Gutachter, unvorbereitete Richter, kriminelle Baupartner – eben die komplette Bandbreite des ganz normalen Wahnsinns auf deutschen Baustellen. Ob Sie nun selbst mit dem Gedanken spielen zu bauen oder nicht, ob Sie bereits gebaut haben oder sich einfach nur mit ein paar Schicksalen und Geschichten vom Bau unterhalten lassen wollen – ich hoffe, Sie werden hier fündig.

Dass ich mit meiner Kanzlei ausschließlich die Interessen privater Bauherren vertrete, hat übrigens einen guten Grund: Im Gegensatz zur Bauindustrie haben Privatleute so gut wie keine Lobby in Deutschland – Sie glauben gar nicht, wie oft das ausgenutzt wird und private Bauherren für dumm verkauft werden. Verbraucherschutz beim Hausbau wurde und wird immer noch viel zu sehr vernachlässigt. Andererseits gehen leider auch immer noch erstaunlich viele Bauherren das große Projekt Eigenheim viel zu naiv und fahrlässig unvorbereitet an. Das macht sie für die schwarzen Schafe in der Baubranche zu einer leichten Beute: Sie werden häufig überrumpelt, übervorteilt und anschließend auch noch über Gebühr gemolken. Die Lobby der Bauindustrie ist hierzulande so unglaublich stark, da werden selbst vor Gericht Dinger gedreht, die man als unbedarfter Laie nicht für möglich halten würde. Und nichts anderes sind die meisten Häuslebauer nun mal: Laien, schließlich bauen die allermeisten nur dieses eine Mal. Was auch wenig verwunderlich ist: Ist auch nur ein bisschen zu viel schiefgelaufen, hat man die Nase voll vom Bauen und lässt das in Zukunft die anderen machen – hat dagegen alles gut geklappt, gibt es so schnell keinen Grund, noch einmal zu bauen. (Sofern man nicht »bausüchtig« geworden ist. Doch Vorsicht, ein französisches Sprichwort warnt: »Wer von der Bausucht befallen ist, braucht keinen anderen Gegner, um sich zugrunde zu richten.«)

Doch selbst wenn Sie als privater Bauherr eine baubegleitende Unterstützung hinzuziehen – was ich jedem Bauherrn nur wärmstens empfehlen kann! –, schreckt das die dreistesten unter den Bauunternehmern nicht ab, ihre miesen Spielchen zu treiben. Da ich bei Rechtsstreitigkeiten manchmal keine Unbekannte mehr für die Gegenseite meiner Mandanten bin, werde ich immer wieder mit harmlos scheinenden Sprüchen wie »Ach, die Verbraucherschützerin« begrüßt – wenn dabei auch noch abschätzig gegrinst wird, läuten bei mir sofort die Alarmglocken. Damit muss und kann ich gut umgehen, das gehört zu meinem Beruf. Doch woher soll ein Laie wissen, wie er sich gegen einen Gegner, der mit allen Wassern gewaschen ist, wehren kann?

Gegen die Verursacher von Pfusch und Betrug am Bau kämpfe ich mit meinem Team täglich an, dieser Kampf ist zu unserer Mission geworden. Deshalb engagiere ich mich auch schon seit vielen Jahren ehrenamtlich in verschiedenen Verbraucherschutzorganisationen für Bauherren. Mit den Geschichten auf den folgenden Seiten möchte ich in erster Linie unterhalten – aber nicht zuletzt auch ein bisschen für meine Mission eintreten, denn ich bin felsenfest davon überzeugt, dass sich hier noch viel zum Guten ändern lässt. Und ändern *muss!* Da braucht es einen langen Atem und es müssen bisweilen richtig dicke Bretter gebohrt werden – wortwörtlich und im übertragenen Sinn.

Nicht zuletzt dank der Beharrlichkeit der Verbraucherschutzverbände steht nun für 2016/17 tatsächlich eine Gesetzesänderung an, die es in sich hat. Da wird einigen Unternehmern, die am Milliardengeschäft Wohnungsbau mitverdienen wollen – allein in Deutschland geht es im gesamten Baugewerbe jährlich um rund 100 Milliarden Euro –, das Lachen noch vergehen. Doch dazu später mehr.

Natürlich geht es beim Hausbau normalerweise nicht um Leben und Tod, auch wenn sicher schon so mancher Bauherr seinem Bauunternehmer oder Architekten am liebsten eine Schaufel mit richtig Schmackes über den Schädel ... natürlich nicht wirklich, aber die starken Emotionen, die ich immer wieder erlebe (auf allen Seiten, wohlgemerkt), sind ja auch kaum verwunderlich: Schließlich geht es hier um sehr persönliche Wünsche, Träume und Vorstellungen, um Nestbau, Eigenheim und Zukunftspläne, für die oft hart gearbeitet wird. Fast immer dreht es sich auch um große Summen Geld, meist mehrere Hunderttausend Euro, und nicht selten stehen deshalb ganze Existenzen auf dem Spiel, wenn zu viel schiefläuft. Von Ehen ganz zu schweigen. Und irgendetwas läuft immer schief. Mit den wunderschönen Hochglanzbildern aus den Wohnmagazinen hat der Alltag auf unseren Baustellen jedenfalls nichts zu tun.

Das mag den einen abschrecken, den anderen mag es vielleicht ein bisschen beruhigen, dass er nicht der Einzige ist: Auch wenn sich private Bauherren nichts sehnlicher wünschen als einen reibungslosen Bauverlauf auf dem Weg in ihr neues Zuhause – es gibt keinen Bau ohne Mängel! Dafür ist das Projekt Hausbau zu vielschichtig: Von der Finanzierung bis zum Einzug lauern so viele Fallstricke und Fettnäpfchen, da bleibt am Ende so gut wie niemand verschont. Das Entscheidende ist, wie man damit umgeht – denn bei aller Anstrengung, die ein Hausbau mit sich bringt: Bauen kann etwas ganz Tolles, etwas Erfüllendes sein und große Freude machen.

Aber nun genug der Vorrede: Los geht's auf die erste Baustelle ...

»Ohne MOOS nichts LOS«

Viel versprochen und noch mehr abkassiert

Genau so stand es da, in Klein- und Großbuchstaben, quer über der Fensterfront des Rohbaus, gut lesbar für alle Nachbarn und Passanten, aufgesprüht mit schwarzer Farbe, fast über die gesamte Breite der linken Haushälfte: »Ohne MOOS nichts LOS«. Als ich aus meinem Wagen stieg und vor dem Haus ein sichtlich eingeschüchtertes Ehepaar antraf, fiel mein Blick sofort auf die bösartige Schmiererei. Man konnte sie gar nicht übersehen – und im selben Augenblick verstand ich den aufgewühlten Anruf eine Stunde zuvor. Fangen wir also besser noch einmal ganz vorne an:

»Guten Morgen, Frau Rechtsanwältin, wir haben ein Problem und hoffen, dass Sie uns helfen können.« Mit diesen Worten und einer leicht zittrigen Stimme begann an diesem Morgen ein Fall, den ich so bisher nur ein einziges Mal erlebt habe. Etliche Streitigkeiten, zu denen ich hinzugezogen werde, haben mit den immer wiederkehrenden Problemen des Hausbaus zu tun, den Klassikern unter den Hausbauärgernissen. Im Grunde hat sich seit den Semmelings (der Familie aus Dieter Wedels großartigem Dreiteiler *Einmal im Leben – Geschichte eines Eigenheims* von 1972) rein gar nichts geändert. Da können die Häuser noch so »smart« und »intelligent« werden, der technische Fortschritt hat die banalsten Probleme, Missverständnisse und Fehler beim Bau noch lange nicht beseitigen können. Und wird es wohl auch nie – schließlich wird immer noch von und für Menschen gebaut. Und da halten es leider viele nur für »smart«, wenn bei ihnen die Kasse stimmt, und sonst nichts.

Ich jedenfalls war gespannt, wobei ich dem Anrufer behilflich sein sollte, und tippte innerlich auf einen insolventen Bauträger, einen der typischen Fälle, die private Bauherren zur Verzweiflung bringen können. Doch es kam anders.

Inzwischen hatte Herr Bärenberg, wie er sich vorstellte, ein bisschen Zutrauen gefasst. Ein Bekannter hätte ihm meine Kanzlei empfohlen, und er wirkte gleich ein bisschen gelöster, weil ich ein offenes Ohr für sein Anliegen hatte. Es fiel ihm aber weiterhin schwer, die richtigen Worte zu finden, so groß war seine Verunsicherung – ich konnte förmlich sehen, wie er sich am anderen Ende der Leitung vor Unbehagen wand. Er erzählte mir, wo die Baustelle lag und in welchem Stadium sich der Bau befand. Oder hätte befinden sollen. Beziehungsweise schon einmal befunden hatte. Als wir uns der entscheidenden Stelle seines Anliegens näherten, kam er wieder ins Stocken. Schließlich sagte er: »Ich kann es kaum beschreiben, Sie müssen sich das selbst ansehen! Wann können Sie kommen?«

»Ich bin so schnell wie möglich da, geben Sie mir eine Stunde«, sagte ich spontan. Ich hatte das Gefühl, dass in diesem Fall wirklich Eile geboten war, und stand auf, noch während ich den Hörer auflegte. Außerdem werden die meisten Probleme dort gelöst, wo sie entstanden sind: auf der Baustelle. Also nichts wie hin.

Mein Arbeitsalltag ist normalerweise sehr straff strukturiert. Das geht auch gar nicht anders, denn alle Fälle, die in meiner Kanzlei behandelt werden, ziehen sich in der Regel über einen längeren Zeitraum hin, oftmals über Jahre. Vor allem dann, wenn sich ein Prozess vor Gericht nicht vermeiden lässt, sind sechs, sieben Jahre keine Seltenheit. Das bedeutet natürlich, dass permanent zig Vorgänge parallel laufen und die jeweiligen Arbeitszeiten und Termine möglichst reibungslos aufeinander abgestimmt werden müssen. Gutes Zeitmanagement ist die halbe Miete – zugegeben, ein etwas schiefer Vergleich in meinem Fall.

Ohne Frau Kaiser, meine Bürovorsteherin, wären mein Kalender und ich jedenfalls vollkommen aufgeschmissen. Sie hält mir immer wieder den Rücken frei, und auch an diesem Morgen war ich mehr als dankbar, dass sie mir ohne Murren zur Seite stand und kurzerhand die ursprünglich geplanten Termine von hier nach da verschob, ohne einen Mandanten aufgrund der Umstände zu verärgern.

Wenn so ein spontaner Zwischenfall den Tagesablauf durcheinanderwürfelt, macht mir meine Arbeit besonders viel Spaß. Meistens jedenfalls, es gibt natürlich auch böse Überraschungen, die kein Mensch braucht. Was mir aber vor allem gefällt, ist diese plötzliche Ungewissheit, was einen nun wohl erwarten wird, diese Hektik fernab der Schreibtischroutine. Es mag Kollegen geben, die genau das hassen – aber ich genieße dieses kurzzeitige Chaos. Das sind die Momente, in denen ich besonders intensiv spüre, warum ich diesen Job so liebe.

Nach Herrn Bärenbergs Anruf zögerte ich also keine Sekunde und machte mich nach kurzer Rücksprache mit Frau Kaiser, die nun ihrerseits direkt zum Hörer griff, auf den Weg. Ich war gespannt, was denn nun wirklich für die Ratlosigkeit in Herrn Bärenbergs Stimme gesorgt hatte, und als ich wenig später auf ihn und seine Frau traf, wusste ich immer noch nicht, ob es sich nun um eine dieser bösen Überraschungen handelte – oder nur um einen Dumme-Jungen-Streich. Im Grunde weiß ich es bis heute nicht wirklich.

Das Ehepaar Bärenberg – ich schätzte beide auf Mitte bis Ende vierzig – war sichtlich angegriffen. Sie wirkte geradezu verängstigt, der »Anschlag« hatte sie spürbar mitgenommen, ihr Händedruck zeigte mir, dass sie kaum noch Kraft hatte, die Sache durchzustehen. Sie sah blass aus, so als hätte sie nicht erst seit einer Nacht schlecht geschlafen. Hier würde neben juristischer Beratung auch viel psychologische Aufbauarbeit nötig sein, dachte ich noch, als mich Herr Bärenberg leise und freundlich begrüßte: »Wir haben telefoniert. Vielen Dank, dass Sie so schnell kommen konnten.«

Er versuchte, stark zu wirken, hinter der Fassade aber sah man auch bei ihm jede Menge Ratlosigkeit. Optisch hatte er tatsächlich etwas von einem Bären, allerdings einem absolut zahmen, ungefährlichen, also eher Teddy als Grizzly. Von der Kraft und dem Selbstbewusstsein eines ausgewachsenen Grizzlybären war Herr Bärenberg an diesem Morgen meilenweit entfernt. Mit bedachten Worten beantwortete er nun meine drängendsten Fragen zur Baustelle.

Schon als ich erfuhr, wer der Bauunternehmer war, schwante mir, dass der Fall kein Zuckerschlecken werden würde. Ich hatte schon mehrfach das »Vergnügen« gehabt, ihn auf der Gegenseite anzutreffen. Und je mehr ich über die Vorgeschichte der Baustelle in Erfahrung brachte, desto mehr tendierte ich nun in Richtung *böse Überraschung,* denn Bauunternehmer Hund ist als absolut abgebrüht bekannt und scheut vor nichts zurück – wie wir drei nun schwarz auf weiß vor uns auf der Hauswand nachlesen konnten.

Unter Bauanwälten ist er in der Region seit langem schon berühmt-berüchtigt dafür, dass er in vielen Fällen schlecht und billig gebaut hat. Und als eine Art »Wiederholungstäter« streitet er das in genauso vielen Fällen vehement ab. Er ist das Paradebeispiel eines schlechten Verlierers – besonders, wenn er in seiner Männerwelt auch noch gegen eine Frau den Kürzeren zieht. Sobald er erfährt, dass ich auf der Gegenseite stehe, verkündet er den Bauherren regelmäßig: »Die kann nix, suchen Sie sich einen anderen Anwalt«, nur um noch mehr einzuschüchtern. Und wenn er mit seiner Einschüchterungsmasche nicht durchkommt, dann sitzt er die Angelegenheit auch über mehrere Instanzen aus, weil er weiß, dass viele Bauherren, vor allem junge Familien, das allein schon finanziell nicht lange durchstehen. Von der mentalen Belastung ganz zu schweigen. Der Mann kann kalt sein wie eine Hundeschnauze.

Leider hat sich sein Ruf bis zu den Bauherren, die in erster Linie dem günstigsten Anbieter den Zuschlag geben, noch nicht herumgesprochen – die sind dann ein gefundenes Fressen für diesen Hund, der in keiner Sekunde an die Menschen denkt, für die er baut, sondern nur an seinen Profit. Und es gibt erschreckend viele Bauherren, die auf seine Angebote eingehen. Erst recht, seit es Vergleichsportale gibt, bei denen die billigsten Auftraggeber im Ranking ganz oben stehen.

Sie merken, ich bin nicht besonders gut auf diesen Mann zu sprechen. Als mir Herr Bärenberg den Namen Hund nannte, versuchte ich, mir meine böse Vorahnung nicht anmerken zu lassen, und antwortete nur kurz: »Kenne ich. Mit dem hatte ich schon öfter zu tun.« Das würde die Bärenbergs mehr beruhigen als beunruhigen, hoffte ich, war mir aber nicht sicher, ob mir das in diesem Moment gelungen war. Denn auf dieser Baustelle schien Hund noch weiter gegangen zu sein als jemals zuvor. Damit hatte selbst ich nicht gerechnet. Ich konnte mein Erstaunen deshalb kaum verbergen und machte im wahrsten Sinne des Wortes große Augen, als ich mir seine »Botschaft« aus der Nähe ansah.

»Ohne MOOS nichts LOS« – wer so etwas auf einen Rohbau sprüht, den er bis zum Vortag selbst hochgezogen hat, der muss sich seiner Sache mehr als sicher sein, dachte ich, während Herr Bärenberg weiter berichtete. Als seine Frau, die schweigend neben ihm stand, die ganze Geschichte aus seinem Munde hörte, sammelten sich Tränen in ihren Augen. Sie fühlte sich bis auf die Knochen blamiert, bloßgestellt in aller Öffentlichkeit, persönlich erniedrigt. Wenn das Hunds eigentlicher Plan bei der ganzen Sache gewesen war, kam es mir in den Sinn, dann schien er spätestens in diesem Moment aufzugehen. Der Widerstand der Bärenbergs wirkte an diesem Morgen jedenfalls so gut wie gebrochen. Es fehlte nicht mehr viel, und sie würden entnervt aufgeben.

Frau Bärenberg hielt sich schweigend zurück, das Gespräch führte ich im Grunde ausschließlich mit ihrem Mann. Doch ihr trauriger Blick und das gelegentliche schwache Kopfschütteln entgingen mir nicht. So viel Verzweiflung bin ich selten begegnet, und ich spürte schnell: Diesmal ist er entschieden zu weit gegangen, dieser Hund!

Was jetzt auf dem Rohbau jedermann lesen konnte, war bei weitem nicht die einzige Drohung, wie ich nun erfuhr, wenn auch die eindeutigste. Bereits in den Wochen zuvor, kaum war die Tinte unter dem Bauvertrag trocken gewesen, hatte Hund die Bärenbergs immer wieder mit allerlei Baustellenfloskeln abgekanzelt. Darunter ein paar Klassiker, wie man sie immer wieder hört:

»Das steht nicht im LV!« – damit ist das Leistungsverzeichnis gemeint. Das LV ist Bestandteil der Leistungsbeschreibung eines Bauauftrages, es umfasst die einzelnen Teilleistungen, die zu erbringen sind, und benennt die jeweiligen

Verantwortlichkeiten. Mit dieser Behauptung wird gerne auf Zeit gespielt oder versucht, lästige Arbeit auf andere abzuschieben, den Maler, den Fliesenleger, den Bauherrn.

»Wir kennen die Vorschriften, Sie nicht!« – ein Evergreen, um Diskussionen jeder Art abzuwürgen. Funktioniert immer wieder, weil man als unerfahrener Bauherr im ersten Moment nur schwer etwas entgegnen kann. Und aus diesem ersten Schweigen versuchen einem ganz gerissene Baupartner dann später einen Strick zu drehen, nach dem Motto: »Warum haben Sie nicht gleich etwas gesagt? Jetzt ist es zu spät.«

Oder: »Ist ja nicht mein Haus!« – natürlich abschätzig gemeint. Gerne mit verdrehten Augen oder abwinkender Hand. Auch damit wird versucht, die Bauherren zu beeinflussen und zu Entscheidungen zu verleiten, die einem selbst das Leben leichter machen, ohne dass der Bauherr seinerseits etwas davon hätte. Die Liste der Baustellenfloskeln lässt sich beliebig verlängern. Und Hund kennt sie natürlich nicht nur alle, er scheut sich auch nicht, sie zu verwenden, wenn sie ihm in die Karten spielen.

Mit der Zeit machten die immer neuen Ausreden das Ehepaar Bärenberg allerdings misstrauisch. Zum Glück kamen sie schon bald auf die Idee, eine Sachverständige mit einem Gutachten zu beauftragen. Diese sah sich die Baustelle genau an und fand tatsächlich erhebliche Mängel am bereits eingedeckten Dach. Nicht nur beim Brandschutz, sondern auch bei der Statik hatte Hund geschlampt.

Die Mängel wurden dem Unternehmer gegenüber schriftlich gerügt (was richtig war), und die Bauherren zahlten auf Empfehlung der Sachverständigen die Rate für die Dacharbeiten nicht. Viel zu viele Bauherren zahlen angeblich fällige Raten leichtfertig, ohne eine Prüfung der tatsächlich erbrachten Leistung vorzunehmen oder vornehmen zu lassen.

Die Bärenbergs hatten also absolut richtig gehandelt, indem sie auf ihr zunehmend komisches Bauchgefühl vertraut und Hilfe von außen hinzugezogen hatten. Und das, obwohl ihnen Hund auch noch von ihrem Architekten wärmstens empfohlen worden war! Ich bin keine Verschwörungstheoretikerin – aber mit diesem »hundefreundlichen« Architekten würde ich mal ein Wörtchen reden, nahm ich mir vor, als Herr Bärenberg die ganze Vorgeschichte erzählte.

Denn obwohl der Fall nach dem Gutachten der Sachverständigen bereits recht eindeutig schien, ließ sich Hund davon nicht zum Einlenken bewegen. Jedenfalls widersprach er der schriftlichen Rüge und behauptete stur, dass es keine Mängel gebe und die Bauherren zahlen sollten, sonst würde sich alles nur noch weiter verzögern. Doch die Bärenbergs waren standhafter, als er wohl in diesem Moment vermutet hatte: Sie ließen sich von seiner Sturheit nicht weiter unter Druck setzen und zahlten nicht. Mehr noch, sie beriefen sich auf das Gutachten und forderten nochmals die Beseitigung der Mängel. Absolut rechtens – nur leider mit unerwünschten Folgen.

Denn damit drängten sie Hund zu einer Entscheidung: Er konnte den Bärenbergs entweder entgegenkommen oder im Zweifel vor Gericht durch alle Instanzen gehen. Ersteres hätte sich für ihn wie eine Erniedrigung angefühlt, so als müsste er nun doch noch seine Fehler eingestehen und klein beigeben – das lief natürlich völlig gegen sein Selbstverständnis und kam deshalb nicht in Frage. Letzteres hatte nur wenig Aussicht auf Erfolg vor Gericht, das musste auch er wohl oder übel so sehen, spätestens seit dem Gutachten. Vor die Wahl zwischen zwei wenig erquicklichen Möglichkeiten gestellt, entschied sich Hund offensichtlich für die dritte: Eskalation.

Ich möchte jetzt wirklich keine tiefenpsychologische Deutung dessen, was nun folgte, konstruieren. Zum einen kann ich so etwas gar nicht professionell, auch wenn psychologisches Geschick und Grundverständnis natürlich auch in meinem Beruf extrem hilfreich sind und ich mich auf einen gewissen Erfahrungsschatz stützen kann. Zum anderen, und das ist das Entscheidende, weil seine Reaktion für sich spricht – da bedarf es gar keiner Deutung.

Als ich an diesem Morgen die Baustelle erstmals zu Gesicht bekam, sah sie verlassen aus: Weder ein Bauwagen noch eine Bautoilette oder sonstige Gerätschaften wie Bagger oder Hebebühnen waren zu sehen. Herr Bärenberg und ich betraten den Rohbau und stiegen die Treppe nach oben bis unter das nicht mehr vorhandene Dach. Oben zeigte er mir ein nur wenige Tage altes Foto aus seinen Unterlagen, auf dem noch das Gerüst sowie die fertige (wenn auch mangelhafte) Dachkonstruktion zu sehen waren. Doch jetzt: Das Dach war nicht nur wieder abgedeckt und zurückgebaut worden, beim Rückbau hatten einige herausgerissene Holzbalken das Mauerwerk beschädigt. Das spricht nicht nur für eine rücksichtslose, ja fast schon wütende Aktion, sondern vor allem auch für eine unglaublich unüberlegte. Denn alles, was einmal mit dem Haus verbunden ist – in diesem Fall die Dachkonstruktion –, wird automatisch zum Eigentum des Grundstückinhabers!

Ich konnte es kaum glauben: Hatte Hund diesmal wirklich so wenig nachgedacht und einen so großen Fehler begangen? Dass er mit dem rabiaten Rückbau des Daches fremdes Eigentum beschädigt, musste er doch gewusst haben, alles andere wäre höchst unglaubwürdig für so einen alten Hasen im Geschäft. Waren ihm wirklich einfach nur die Sicherungen durchgebrannt? Oder hatte er noch etwas ganz anderes ausgeheckt? Ich traute dem Braten nicht, oder andersherum: Diesem Hund traute ich alles zu.

Mit dem Aufsprühen von »Ohne MOOS nichts LOS« hatte er seiner Aktion jedenfalls die Krone aufgesetzt. Dass er auch mal verbal überreagierte beziehungsweise an Grenzen ging, hatte ich selbst schon erlebt, aber dass er mit dieser Schmiererei eine Klage wegen Rufschädigung riskierte – für so fahrlässig hielt ich ihn selbst dann noch nicht, als wir das Haus wieder verließen und auf die Straße traten. Unten erwartete uns eine noch immer sehr blasse Frau Bärenberg. Bei ihrem Anblick kam mir der Gedanke, dass Hund vielleicht einen Dritten mit der Tat beauftragt hatte und nun den Unschuldigen und Unwissenden spielen wollte. Alles nur, um den Bärenbergs zu demonstrieren, wer hier der »Stärkere« war. Und natürlich, um sich am Ende durchzusetzen, koste es, was es wolle.

Noch während ich versuchte, mir einen Reim auf den ganzen Vorfall zu machen, näherte sich uns einer der zukünftigen Nachbarn der Bärenbergs. Ein sehr aufmerksamer Nachbar, wie sich glücklicherweise schon bald herausstellte. Denn er zeigte auf das fehlende Dach und die Schmiererei und rief uns über die Straße zu: »Ich hab alles gesehen gestern Nacht!«

Der Nachbar entpuppte sich in der Tat als hilfreicher Zeuge, weil er sehr genau beschreiben konnte, wie die Aktion gegen Mitternacht vonstattengegangen war. Er berichtete uns, dass dieselbe Baumannschaft, die zuletzt auf der Baustelle tätig gewesen war, das Dach auch wieder abgebaut und mit demselben Firmentransporter und Lkw, die in den vorangegangenen Wochen immer wieder zu sehen gewesen waren, die Baustelle verlassen hatte. Und vor allem konnte er bezeugen, dass sich Hund höchstpersönlich mit einer Hebebühne zum Aufsprühen des Satzes hatte hochheben lassen. Unglaublich, aber wahr: Er hatte das Aufsprühen zur Chefsache erklärt – und sich bei seiner Nacht-und-Nebel-Aktion auch noch beobachten lassen.

Doch nicht nur Hund wurde erwischt. Er entdeckte seinerseits den aufmerksamen Nachbarn, der vom Baustellenlärm geweckt worden war und wissen wollte, was da draußen vor sich ging. Hund erblickte ihn hinter seinem Fenster und grinste ihn an. Dann nahm er den gestreckten Zeigefinger der rechten Hand vor seine Lippen und zischte: »Pssssst!« Unfassbar: Selbst in diesem Moment glaubte er sich anscheinend im Recht und siegessicher.

Und sein Gehabe hatte beim Nachbarn auch durchaus Wirkung gezeigt. Dieser gab uns gegenüber nun unumwunden zu: »Ich hab vor dem richtig die Hosen voll!« Umso lobenswerter natürlich, dass er sich dennoch freiwillig als Zeuge zur Verfügung stellte. Es hatte den Anschein, dass er sich selbst ein bisschen über seinen eigenen Mut wunderte, aber die Bärenbergs und ich waren natürlich mehr als dankbar für diese wertvollen Informationen. Mit einem belastbaren Zeugen hatten wir sofort viel bessere Karten in der Hand. Und ich wurde optimistisch, dass wir Hund damit drankriegen würden.

Doch anders als ich sahen die Bärenbergs durch die Aussagen des Nachbarn nur ihre schlimmsten Befürchtungen bestätigt. Vor allem Frau Bärenberg war es unendlich peinlich, dass sie im neuen Umfeld, in dem sie schon bald leben wollten, so in den Dreck gezogen wurden. Sie fing an zu weinen, und ich zögerte einen Moment, ob ich sie erst einmal in Ruhe lassen oder mit tröstenden Worten aufbauen sollte. Es ging mir richtig nahe, sie so leiden zu sehen.

Dann gab ich mir einen Ruck und versuchte, die ganze

Situation sachlich und in verständlichen Worten zusammenzufassen. Ich habe schon oft die Erfahrung gemacht, dass meinen Mandanten am schnellsten und effektivsten geholfen ist, wenn sie merken, dass sie fachlich bei mir in guten Händen sind – also agiere ich gerade in sehr emotionalen Situationen möglichst rational. Sie brauchen dann einen Fels in der Brandung, an dem sie sich aufrichten können. Das ist schließlich die Hoffnung, die sie in mich als Bauanwältin legen. Und diese Hoffnung wollte ich nun natürlich auch den Bärenbergs geben.

Ich zeigte den beiden, dass ich sie absolut im Recht sah und der Bauunternehmer eindeutig die Grenzen überschritten hatte. Hund hatte nicht nur das Eigentum der Bärenbergs beschädigt, er hatte Drohungen ausgesprochen und sich durch das Auftragen des Satzes auch noch der Beleidigung und Rufschädigung schuldig gemacht. Ich versicherte ihnen, dass wir sowohl Strafanzeige erstatten als auch ein Klageverfahren einleiten konnten, beides mit guten Aussichten auf Erfolg, auch wenn nicht vorhersehbar war, wie schnell dies alles über die Bühne gehen würde. Nach all meinen Erfahrungen mit Hund musste man damit rechnen, dass er auch dieses Mal versuchen würde, die Sache über mindestens zwei Instanzen auszusitzen. Ich erinnerte mich bei vergangenen Verfahren noch gut an Sätze von ihm wie: »Mal schauen, wie lange Ihre Mandanten durchhalten – ich kann warten.«

Dass gerichtliche Verfahren deshalb nicht nur finanziell, sondern auch psychisch eine enorme Belastung darstellen können, verschweige ich natürlich keinem meiner Mandanten. Da muss man mit offenen Karten spielen und darf keine falschen Hoffnungen wecken. Sosehr ich es mir manchmal auch wünschen würde, die Entscheidung abnehmen kann ich ihnen am Ende nicht. Und bei den Bärenbergs war ich mir nicht sicher, ob sie das ganze Hausbauprojekt nicht am liebsten einfach zu den Akten gelegt hätten. Nachdem ich den Sachverhalt aus meiner Sicht zusammengefasst und die möglichen Optionen samt wahrscheinlichen Konsequenzen dargestellt hatte, fragte ich die beiden, ob sie bereit wären, rechtliche Schritte gegen Hund einzuleiten.

Das Ehepaar schaute sich ein paar Sekunden wortlos in die Augen, dann wandte sich Herr Bärenberg an mich: »Wenn mein Nervenkostüm es durchhält: bis zur letzten Instanz.« Es klang, ehrlich gesagt, weniger kämpferisch als vielmehr so, als wollte er sich und seiner Frau ein bisschen Mut für etwas zusprechen, an das er selbst noch nicht so richtig glaubte. »Aber versprechen kann ich nichts«, schob er noch hinterher und lachte kurz auf. Auf ein kleines Zeichen wie dieses hatte ich gehofft. Dieses kurze, ehrliche Lachen, bei dem er mir zublinzelte, bestätigte meine Hoffnung, dass die Bauherren nach diesem hinterhältigen Tiefschlag doch nicht vollends einknicken würden.

Es ging wieder aufwärts mit der Stimmung der Bärenbergs. Wir nutzten den frisch gefassten Mut und besprachen die folgenden Schritte in meiner Kanzlei. Natürlich erstattete ich Strafanzeige für die Bauherren und leitete ein Klageverfahren gegen den Bauunternehmer ein.

Die einzelnen juristischen Abläufe zu diesem Fall waren am Ende dann doch ziemlich komplex – damit verschone ich Sie an dieser Stelle, wir werden aber in anderen Kapiteln noch genügend Gerichtsflure betreten (vor allem im Kapitel *Das hält alles in sich!*). Obendrein hatten die Bärenbergs einen ziemlich katastrophalen Bauvertrag unterschrieben, mit dem Hund mehr geholfen war als ihnen. Viel wichtiger sind mir hier die psychologischen Aspekte, denn um es auf den Punkt zu bringen: Gerichtstermine sind nervig! Nach zwanzig Jahren in diesem Beruf sage ich immer: »Alles, was nicht bei Gericht landet, ist gut!«

Das ist so pauschal natürlich überspitzt formuliert. Doch ich mache immer wieder die Erfahrung, dass man sich bei Gericht leider nicht die Zeit nehmen kann, die eine Sache eigentlich benötigt, um sie angemessen zu bearbeiten. Es fehlt außerdem sehr häufig an Wertschätzung und Respekt für die Menschen, die dort streiten. Die Erklärung dafür ist sehr banal: Die Gerichte sind schlicht und ergreifend überlastet – zum einen, weil viel zu viele Streitereien vors Gericht gezerrt und dadurch die dortigen Abläufe unnötig verstopft werden. Rund 40 000 Baustreitigkeiten landen allein in Deutschland jedes Jahr vor Gericht, das spricht Bände. Zum anderen sind die Gerichte aber auch überlastet, weil die Justiz viel effizienter arbeiten müsste, als sie es seit Jahren und Jahrzehnten tut.

Ich habe in unzähligen Fällen erlebt, dass Richter fachlich und auch menschlich überfordert sind. Das hängt aus meiner Sicht auch damit zusammen, dass kaum ein Richter wirklich Lust auf Bausachen hat. Die Fälle sind oft umfangreich und kompliziert, und hinzu kommt: Die Fachanwälte sind durch die jährlichen Fortbildungen, zu denen sie verpflichtet sind, hochqualifiziert und den Richtern dadurch in vielen Fällen einfach um einiges voraus. Man begegnet sich fachlich nicht mehr auf Augenhöhe und spricht nicht länger »dieselbe Sprache«. Richter merken das teilweise selbst – und verschanzen sich hinter den Akten und den Gutachten der Sachverständigen, die häufig leider alles andere als richtig, vollständig und zielführend sind. Der Titel eines Sachverständigen ist nämlich nicht geschützt, weshalb man es in der Praxis leider immer wieder mit »Schwachverständigen« zu tun bekommt, die über keine eigene Bauerfahrung verfügen und auch sonst mit jeder Menge Halbwissen glänzen – was deren Mandanten oft aber erst bemerken, wenn sich die angeblich so sattelfeste Argumentation vor Gericht in Luft auflöst. Bei der Wahl ihres Sachverständigen sollten vor allem private Bauherren deshalb darauf achten, dass dieser nachgewiesenermaßen auch wirklich etwas kann. Ich rate daher beispielsweise zu Sachverständigen der Verbraucherschutzorganisationen für Bauherren oder zu sogenannten Öbuvs, das sind von den Architektenkammern oder den Industrie- und Handelskammern »öffentlich bestellte und vereidigte« Sachverständige.

Zurück zu den Problemen bei Gerichtsverhandlungen. Dort gibt es neben den bereits genannten auch ganz pragmatische Mängel. Zum Beispiel wirken Gerichtssäle auf Normalbürger in der Regel unpersönlich, distanziert und kalt. Nicht nur im übertragenen Sinne, sie sind tatsächlich meist nicht einmal ausreichend beheizt. Heutige Gerichtssäle sind im Grunde kein Raum für eine sinnvolle Streitbeilegung. Sie merken schon, ich sehe da einiges an Verbesserungspotenzial und möchte uns Anwälte da natürlich nicht ausnehmen.

Jede Partei hat vor einem Gerichtstermin ein Stück weit Angst, mal mehr, mal weniger. Deshalb versuche ich, meine Mandanten immer so gut wie möglich vorzubereiten. Doch trotz aller »Vorwarnungen« lässt sich nicht jede Enttäuschung vermeiden. Was meine Mandanten immer wieder vor den Kopf stößt, ist, wenn Richter im Vorfeld nicht einmal alles gelesen haben, was dann bei der Verhandlung vorgetragen wird. Und das ist sehr häufig der Fall. Denn dafür fehlt ihnen ganz einfach die Zeit. Sie müssen zu viele Fälle bearbeiten und kommen mit ihrer Arbeit kaum hinterher – unser Justizsystem ist vollkommen überlastet. Und welchem Mandanten ist schon vermittelbar, dass zu einem erfolgreichen

Verlauf von Gerichtsverhandlungen nicht zuletzt auch eine gute Portion Glück gehört?

Kommen wir zurück zu Bärenbergs gegen Hund. Um es kurz zu machen: Am Ende eines fast anderthalb Jahre langen Prozesses bekamen die Bärenbergs recht. Die nächtliche Aktion des Unternehmers war für die Bauherren ein außerordentlicher Kündigungsgrund. Der Unternehmer musste Schadensersatz für die Mängel am Haus zahlen – unter anderem für das Dach und die Innentreppe sowie die Mehrkosten für die Fertigstellung. Außerdem erhielt er von der Staatsanwaltschaft eine saftige Geldstrafe. Schlussendlich kann man guten Gewissens behaupten, dass er mit seiner Macho-Strategie keine Stärke bewiesen, sondern sich selbst am meisten geschadet hat.

Später, nach dem Gerichtsverfahren, erfuhr ich, dass Frau Bärenberg nach der Nacht-und-Nebel-Aktion eigentlich hatte aufgeben wollen. »Ich will das Haus nicht mehr. Mir fehlt die Kraft, weiterzumachen«, hatte sie ihrem Mann gestanden. Doch dann, beim Verlassen des Gerichtsgebäudes, schien auch sie den Glauben an die Gerechtigkeit ein Stück weit wiedergefunden zu haben. Auch sie freute sich nun auf den Einzug in ihr neues Zuhause – ein Jahr später als geplant und mit erheblichen Mehrkosten, aber immerhin.

Klingt nach Happyend, nicht wahr?

Doch leider endete die Geschichte hier nicht wie im Märchen. Gerade mal ein halbes Jahr nach dem Einzug ereilte die Bärenbergs ein noch härterer Schicksalsschlag.

Wieder bekam ich eines Morgens einen überraschenden Anruf von Herrn Bärenberg. Im ersten Moment freute ich mich sehr, von ihm zu hören, und war neugierig zu erfahren, wie es ihnen in ihrem neuen Eigenheim gefiel. Was er mir dann erzählte, machte mich sprachlos. Weil der Weiterbau mit einem teureren Bauunternehmer und die Verzögerung durch das lange Gerichtsverfahren die Bärenbergs auch finanziell strapazierten (rund 50 000 Euro hatte alles zusammen am Ende mehr gekostet als geplant), mussten sie beim Beseitigen der Baumängel Abstriche machen – fatalerweise. Unter anderem hatte die Treppe, die wir bei der Erstbesichtigung gemeinsam in den ersten Stock hochgestiegen waren, unterschiedlich hohe Stufen. Kurz vor dem zweiten Anruf von Herrn Bärenberg war seine Frau auf der mangelhaften Treppe so schwer und unglücklich gestürzt, dass sie wenig später an den Folgen des Unfalls starb. Ich wollte es einfach nicht glauben und war schockiert. Was für ein Schicksal! So viel Pech, Leid und Unglück bei einem Hausbau hatte ich bis dahin noch nie erlebt.

Ich wurde zur Beerdigung eingeladen, schaffte es aber nicht, dortzubleiben. Kaum war ich auf dem Friedhof, wurde mir ganz flau im Magen. So leid mir das Ehepaar Bärenberg auch tat, es war in diesem Moment ganz einfach zu viel für mich. Immerhin hatte auch ich durch meine juristische Vertretung in diesem Fall indirekt mit ihrem Tod zu tun. Mich plagten Zweifel: Hätte ich anders beraten sollen? Warum war ich mir so sicher gewesen, dass sich der Kampf gegen Hund lohnen würde? Hätte ich nicht doch dazu raten sollen, das Haus nicht selbst fertigzubauen, sondern im Rohbauzustand zu verkaufen?

Auch wenn natürlich niemand den tragischen Tod vorhersehen konnte und mich selbst keine Schuld daran traf, ging mir der Fall an die Nieren. Auch jetzt, beim Schreiben dieser Geschichte, tun mir die Bärenbergs immer noch unendlich leid. Heute lebt er an der Nordsee, weit weg von den Erinnerungen an den Hausbau. Finanziell geht es ihm gut, auch dank der gewonnenen Prozesse und der Tatsache, dass der

Bauunternehmer in der Lage war, die Beträge, zu deren Zahlung er vom Gericht verurteilt wurde, auch tatsächlich zu leisten. Das ist längst nicht immer der Fall. Besonders bei den Bärenbergs ist das zwar ein Trost – angesichts des tragischen Todes aber natürlich nur ein sehr, sehr schwacher.

Drei Generationen unter einem Dach – das klingt für viele Menschen nach reinster Familienromantik: Ein kleines Häuschen im Grünen, ein gemeinsam gepflegter Garten, die Jüngeren kümmern sich um die Älteren, die Älteren entlasten die Jüngeren, wo sie nur können. In Zeiten von immer mehr Alleinerziehenden- und Singlehaushalten und in einer Gesellschaft, die seit Jahrzehnten in fast allen Lebensbereichen die Individualisierung immer weiter vorantreibt, wird familiärer Zusammenhalt ein zunehmend kostbares Gut. Mehr und mehr Menschen sehnen sich heute wieder danach – Karriere hin, Selbstverwirklichung her. Doch für die meisten bleibt es eine Wunschvorstellung, ein hehrer Traum.

In der nun folgenden Geschichte wurde der gemeinsame Hausbau von Großmutter, Mutter und Tochter zu einem ganz realen Alptraum. Allerdings nicht, weil sich die drei Damen, um die es hier geht, in die Haare gekriegt hätten. Im Gegenteil: Das Trio hielt in jedem Moment zusammen, selbst dann noch, als ihre Lage immer aussichtsloser erschien und andere schon längst aufgegeben hätten. Wer ihren Traum beinahe zerstörte, war in diesem Fall ein Makler, der sich zunächst äußerst hilfreich gab – nur, um später doppelt und dreifach abzukassieren. Und vor allem sein »Kompagnon«, ein junger Bauunternehmer. Aber der Reihe nach.

Als ich zum ersten Mal von den drei Damen kontaktiert wurde, war die Tinte unter ihrem Bauvertrag bereits seit gut eineinhalb Jahren trocken und von ihrem Traum so gut wie nichts mehr übrig. Von Geld und Hoffnung ganz zu schweigen. Sie wussten nicht mehr weiter. Zu viert saßen wir nun in meinem Büro zusammen, und ich ließ mir die ganze Vorgeschichte ausführlich und in Ruhe erzählen. Dabei erfuhr ich auch so einiges über das Leben der drei Damen.

Oma Hildegard, eine Frau von über achtzig Jahren, war mit kleinen, unsicheren Schritten in die Kanzlei gekommen, die Hüfte tat ihr schon seit Jahren weh und der rechte Arm war gelähmt. Sie hatte ein bewegtes Leben hinter sich, als Jugendliche den Zweiten Weltkrieg erlebt, später die Nachkriegszeit in sehr bescheidenen Verhältnissen überstanden, immer viel gearbeitet und ihre Tochter quasi alleine großgezogen, da ihr Mann früh gestorben war. Doch trotz ihrer körperlichen Gebrechen war sie das Zentrum der gebeutelten Familie. Sie behielt mit ihrer ruhigen und bescheidenen Art immer einen klaren Kopf und versuchte bei neuen Tiefschlägen während des Hausbaus stets, die anderen aufzumuntern.

Tochter Monika war Ende fünfzig, eine frühverrentete Krankenschwester, stets freundlich und bescheiden und besonders bemüht, es allen recht zu machen. In Fleece-Weste und mit ergrauter Kurzhaarfrisur saß sie am Besprechungstisch und sprach mit leiser, sanfter Stimme. Sie wollte sich mit niemandem anlegen, dennoch hatte sie das Gefühl, dass es sie und ihre Familie besonders hart und häufig traf. Kein Wunder, denn auch sie hatte den Mann verloren und war allein mit ihrer Tochter Sabine zurückgeblieben. Diese hatte es mit ihrer sehr starken Kurzsichtigkeit auch immer etwas schwerer gehabt als andere Kinder und Jugendliche. Inzwischen war die 27-Jährige als Altenpflegerin die einzige Verdienerin der Familie.

Hildegard, Monika und Sabine hatten früher gemeinsam in einer sanierungsbedürftigen Eigentumswohnung in der Stadt gelebt. Die drei Zimmer mit knapp siebzig Quadratmetern waren ein bisschen zu klein, vor allem aber wurde die Lage im zweiten Stock und ohne Aufzug immer mehr zum Problem. Treppen waren für Oma Hildegard nur noch mit allergrößter Mühe zu bewältigen, selbst das ganz normale Gehen wurde immer beschwerlicher. Die drei Frauen wollten es lange Zeit nicht wahrhaben, aber sie mussten über einen Umzug Hildegards in ein Altenheim nachdenken, sollten sie keine andere Lösung finden. Doch die Renten der beiden älteren Damen und der knappe Verdienst der jüngeren reichten gerade so zum Leben, zumal der Kredit für die Eigentumswohnung auch längst noch nicht abbezahlt war. Ihre finanzielle Lage war noch nicht bedrohlich, wurde aber immer drängender. So konnte es jedenfalls nicht mehr lange weitergehen.

In dieser Situation schlug Hildegard eines Samstagmorgens den Anzeigenteil der Zeitung auf und stieß auf ein sehr verlockendes Angebot: »Bauen Sie Ihr Traumhaus im Grünen für nur 127 000 Euro!«

Unglaublich! Das ist ein Preis, den sogar wir uns vielleicht leisten können, schoss es Hildegard durch den Kopf. Die sonst so bescheidene und alles andere als größenwahnsinnige Frau war sofort gefangen von der Vorstellung eines kleinen Häuschens im Grünen. Keine lästigen Treppen mehr, kein ungewolltes Altenheim, keine Trennung von Tochter und Enkelin – mehr als verständlich, dass sie da ins Träumen geriet.

Für einen kurzen Moment sah sie sich schon zu dritt an einer gedeckten Kaffeetafel im eigenen Garten sitzen.

Das Angebot war kaum zu glauben – und leider auch nur die halbe Wahrheit! Denn in dem Preis war das Baugrundstück nicht inbegriffen. Und selbst, wenn man die Kosten dafür noch draufschlug, war das Angebot verdächtig günstig.

Doch von der Aussicht darauf, dass alle drei Generationen weiterhin zusammenwohnen und sich gegenseitig unterstützen könnten, ließen sich schon bald auch Monika und Sabine anstecken. Die beiden Jüngeren würden sich gerne der Pflege ihrer Mutter und Oma widmen – das stand überhaupt nicht zur Debatte.

»Vielleicht ist der Gedanke verrückt – aber man wird ja wohl noch träumen dürfen!« Darf man, keine Frage. Solange man rechtzeitig wieder aufwacht. Die Frage, ob es dafür bei Hildegard, Monika und Sabine schon zu spät war, stellte sich den dreien an diesem Samstagmorgen nicht. Und weil niemand kam und sie weckte, nahmen die Dinge ihren Lauf.

Unter der Anzeige stand der Name einer der größten international arbeitenden Immobilienfirmen. Den Namen kannte man. »Da ist man bestimmt in guten Händen. Werbelügen oder Lockangebote wären für solche Markenunternehmen geschäftsschädigend, das können die sich doch gar nicht erlauben. Das sind schließlich Fachleute«, war sich die sonst so realistische Hildegard absolut sicher. Man könnte sich ja mal ganz unverbindlich beraten lassen.

Der Termin mit dem Makler war schnell gemacht. Manfred Schmierich gab sich aufmerksam und herzlich. Die Sympathien der drei Frauen, die ein bisschen aufgeregt und unsicher in seinem Büro saßen, gewann er mit Leichtigkeit. Da hatte er schon härtere Nüsse geknackt. Routiniert nahm er ihnen die Angst, wegen ihres Traums vom eigenen Haus im

Grünen ausgelacht zu werden. Der leicht untersetzte Mann mit dem schütteren Haar und dem freundlichen runden Gesicht schien sofort Verständnis für die drei zu haben. Natürlich war ihr Ansinnen sehr nachvollziehbar und gar nicht so unrealistisch, gab er ihnen zu verstehen. Nicht umsonst warb seine Mutterfirma in ihren Anzeigen und Prospekten mit dem »Immobilienkauf zu Mietpreiskonditionen«. Und eine Miete musste man immer berappen, warum dann nicht gleich ins eigene Haus investieren? Es klang alles so logisch.

Herr Schmierich fackelte nicht lange und rechnete den überrumpelten Damen seinen »Finanzierungsplan« vor: Die Renten, der Verdienst der Enkelin, der Wert der Eigentumswohnung ... Die Chancen standen gut, ein Darlehen zu bekommen, mit dem aus ihrem Traum Wirklichkeit werden würde. Nicht zuletzt, weil er natürlich die besten regionalen Kontakte hätte, wie er gleich mehrfach beteuerte. So könnte er nicht nur den Kauf des Baugrundstücks zu besten Konditionen vermitteln, er habe da auch einen günstigen und zuverlässigen Bauunternehmer an der Hand. Die Bedenken der drei ehrlichen Damen, dass sie ja keine Erfahrung in Baudingen hätten, konnte er ebenfalls im Handumdrehen aus dem Weg räumen – das wäre ja auch nicht nötig, er könnte sich gerne um alles, was sie dazu benötigten, kümmern. Und das war längst nicht alles: Auch die Finanzierung könnte er vermitteln. Das gehörte alles zu seinem »Full Service«, wie er ihnen glaubhaft versicherte. »Keine Sorge, wir regeln das alles!«

Und so gingen die drei Frauen beschwingt aus diesem Gespräch. Sie hatten sich tatsächlich einlullen lassen, zu groß war die Verlockung, als dass eine von ihnen zu diesem Zeitpunkt misstrauisch wurde. Ein sympathischer Mann, vertrauenerweckend, solide, keiner dieser Blender, da waren sich die drei einig. Und so eine bekannte Firma. Sie hätten ja kaum zu hoffen gewagt, dass sie sich in ihrer doch recht beschränkten finanziellen Situation noch einmal einen echten Traum verwirklichen könnten. Aber dank des hilfsbereiten Herrn Schmierich sollte er nun doch noch wahr werden.

Und tatsächlich lief zunächst auch alles wie geschmiert mit Schmierich. Für das Problem mit dem fehlenden Eigenkapital hatte der findige Makler nämlich sofort eine Lösung parat: Ihre Eigentumswohnung würde er für sie verkaufen, darin war er schließlich ein erfahrener Profi. Das Auszugsdatum aus der alten Eigentumswohnung sollte das Einzugsdatum in das neue Haus sein. Der Erlös wäre genau das fehlende Eigenkapital, das sie als Voraussetzung für das neue Darlehen benötigten. Herr Schmierich war sich sicher, wenn er die Innenstadtwohnung verkaufte, dann würde er ohne weiteres 100 000 Euro erzielen – wenn nicht sogar mehr. So viel war die Wohnung wert, das fanden die Frauen auch. Denn schlecht war sie an sich ja nicht, ihre Wohnung, nur eben im zweiten Stock gelegen. Und sanierungs- beziehungsweise renovierungsbedürftig. Aber der Immobilienmarkt boomte ja, wie Makler Schmierich ihnen versicherte, da würde sich garantiert ganz schnell ein Käufer finden. Gegen eine Maklercourtage, versteht sich.

Schmierich legte sich ins Zeug und kümmerte sich zuallererst um die Finanzierung. Hildegard war froh, dass bereits wenig später eine solide Bank mit gutem Namen das Darlehen angeblich gewähren wollte. Das gab ihr ein Gefühl von Sicherheit, es würde schon alles mit rechten Dingen zugehen. Zwar hatte Schmierich doch nicht so schnell einen passenden Käufer für die Eigentumswohnung gefunden wie gedacht – aber er war sehr zuversichtlich, wie er in den kommenden

Wochen immer wieder versicherte, dass es schon bald klappen würde.

Die drei Damen waren immer noch davon überzeugt, einen Glücksgriff getan zu haben. Dass sich der Verkauf der Eigentumswohnung verzögerte, beunruhigte sie zu diesem Zeitpunkt jedenfalls noch nicht. Hildegard hatte noch ihre Ersparnisse, jahrzehntelang zurückgelegte Spargroschen, für den Fall, dass sie einmal pflegebedürftig würde. Auf die konnte sie jetzt zurückgreifen – denn ein Pflegeheim blieb ihr nun ja glücklicherweise erspart, dessen war sie sich immer noch sicher.

Makler Schmierich war fast schon zum Freund des Hauses avanciert. Immer wieder hatte er gute Ratschläge aus der Praxis parat und war sich auch für tatkräftige Hilfe nicht zu schade. Zum Beispiel als die Bank dann doch an der Zahlungsfähigkeit ihrer Kundinnen zweifelte. Monika rief aufgelöst bei Schmierich an, und der wusste sofort, was zu tun war: Er bestellte Monika zu ihrer Hausbank und überreichte ihr dort einen Umschlag mit 10 000 Euro in bar, die sie umgehend auf ihr Konto einzahlen sollte. Danach sollte sie am Automaten einen Kontoauszug ausdrucken lassen, mit dem sich das geforderte Eigenkapital vortäuschen ließ, und das Geld direkt wieder abheben. Dass Schmierich sie damit zum Kreditbetrug anstiftete, wurde ihr erst viele Monate später klar, als das Vertrauensverhältnis zu ihm längst zerrüttet war. In diesem Moment vor der Bank war Monika einfach nur dankbar für so viel Vertrauen und die unbürokratische Hilfe des Maklers.

Auch den Bauunternehmer lernten die zukünftigen Bauherrinnen schon bald kennen: Michael Windich, ein Jungunternehmer, engagiert und nett. Manfred Schmierich beteuerte, dass er schon häufig erfolgreich mit ihm zusammengearbeitet habe. Die drei Damen wunderten sich zwar ein wenig, weil der Bauunternehmer wirklich noch sehr jung war. Aber wenn Herr Schmierich es sagte, dann musste es stimmen. Sie vertrauten ihm fast blind, nach allem, was er »für sie« bereits getan hatte.

Auch beim Notartermin konnte er sie in Windeseile überzeugen, als sie einen Moment zögerten. Denn dass das Bauunternehmen gar nicht wie versprochen aus der Region, sondern weit weg in Ostdeutschland ansässig war, wunderte sie dann doch: Gab es denn in der Region keine zuverlässigen Leute? Warum hatte ihnen das niemand vorher gesagt? Doch der nette Herr Schmierich konnte auch dieses Mal ihre Bedenken zerstreuen. »Machen Sie sich keine Sorgen!« Er versicherte ihnen, dass das Unternehmen eine Dependance im Mainzer Raum unterhielt und deshalb in der Region gut etabliert war. Durch die große Reichweite könnte der Bauträger zudem auf ein sehr gutes Netzwerk von günstigen Subunternehmen zurückgreifen, zu »Ost-Löhnen«. Handwerker arbeiteten ja sowieso alle auf Montage. Dass man auf den Baustellen Trupps von weit her einsetzte, war heutzutage völlig normal. Das seien alles eingespielte Teams, die schon lange zusammenarbeiteten. Alles nur von Vorteil für die Bauherrinnen. »Denn ein guter Bauverlauf steht und fällt mit der Qualität der Handwerker!« Selbst abgedroschene Floskeln wie diese machten die drei Damen nicht mehr stutzig. Sie wussten es nicht besser, also glaubten sie ihm auch dieses Mal.

Ich hatte mir bereits an mehreren Stellen ihrer Geschichte ein Seufzen verkneifen müssen, doch es kam noch viel schlimmer. Einerseits hatten sie sich viel zu naiv verhalten, andererseits konnte ich ihnen kaum einen Vorwurf machen, weil das Vertrauen der drei Damen so gnadenlos ausgenutzt worden war. Denn nicht nur für einen Makler wie Schmierich waren sie eine leichte Beute, auch Bauunternehmer Windich witterte seine Chance auf schnelles Geld. Wahrscheinlich war es genau das, was Schmierich mit »erfolgreicher« Zusammenarbeit gemeint hatte.

Kaum hatten sie den Bauvertrag unterzeichnet, wurde die erste Rate fällig. Sie verstanden ja gut, dass der junge Bauunternehmer nicht selbst in Vorleistung treten konnte. Schließlich plante er auf dem Grundstück neben ihrem Häuschen noch drei weitere baugleiche Objekte. Und Schmierich versicherte ihnen, dass die Zahlungsmodalitäten in Windichs Vertrag üblich und absolut in Ordnung wären.

Es blieb natürlich nicht bei der ersten Rate. Bereits ein gutes halbes Jahr nach der notariellen Beurkundung hatten Hildegard, Monika und Sabine neben der Kaufsumme für das Grundstück die *gesamten* Kosten für das Grundstück und den Bau gezahlt, insgesamt 245 000 Euro. Dass sie die komplette Summe vorstreckten, ist natürlich alles andere als »üblich und absolut in Ordnung«. Nur leider dauerte es viel zu lange, bis sie sich dann doch dagegen zur Wehr setzten.

Regelmäßig alle zwei Wochen waren Hildegard, Monika und Sabine zu »ihrem Haus« gefahren. Glücklich hatten sie den Baufortschritt dokumentiert. Doch das Glück trübte sich bald, als ihnen auffiel, dass Baumaßnahmen, deren Raten schon lange überwiesen waren, noch immer nicht ausgeführt waren. Schüchtern fragten sie beim Bauleiter an, wann denn zum Beispiel die Fenster kämen, die schon seit Wochen bezahlt waren. Dieser versicherte immer wieder, alles liefe nach Plan. »Machen Sie sich keine Sorgen!«

Doch als dann ein dreiviertel Jahr nach Baubeginn die Arbeiten endgültig zum Erliegen kamen, wurde ihnen zum ersten Mal richtig mulmig zumute. Auf ihre Fragen, warum es nicht weiterginge, kamen nun nicht einmal mehr die üblichen

Hinhalteparolen und Vertröstungen – es kamen gar keine Antworten mehr. Der Bauunternehmer war einfach nicht erreichbar.

Die drei Damen gerieten in immer größere finanzielle Not. Nach Abzug aller Verpflichtungen, Wasser, Strom, Telefon und den Raten für zwei Darlehen – sowohl für die alte Wohnung als auch das neue Haus – blieben ihnen nur noch 120 Euro pro Monat zum Leben. Und die Ersparnisse gingen zur Neige. Herr Schmierich, der noch immer ihr Vertrauen genoss, bot wieder seine Hilfe an: Er riet nun, in das noch nicht ganz fertige Haus einzuziehen. Das würde die Chancen auf einen Verkauf der Stadtwohnung deutlich erhöhen. Mit dem Erlös könnten sie die Verpflichtungen für das alte Darlehen sparen und wären gleich wieder flüssig. Selbst wenn der Unternehmer tatsächlich nicht weiterbauen könnte, hätten sie dann wenigstens das Geld für die letzten nötigen Baumaßnahmen.

So schrecklich der Gedanke auch war, in ein unfertiges Haus zu ziehen, vernünftig schien die Lösung zu sein. Wie sollten sie sonst an eine dringend benötigte Finanzspritze kommen? Und zum Glück war ja Hochsommer, da war es nicht so schlimm, dass das Haus noch nicht fertig war.

Ich wollte es nicht glauben. Wie rücksichtslos muss ein Makler sein, wenn er einer über achtzig Jahre alten Frau so etwas ernsthaft vorschlägt? Wenn er überhaupt irgendjemandem so etwas ernsthaft vorschlägt? Oder stand er selbst mit dem Rücken zur Wand und brauchte das Geld der drei Damen so dringend, dass er aus purer Verzweiflung handelte?

Sichtlich beschämt erzählten mir die drei, wie sie kurz darauf tatsächlich in den Rohbau zogen. Und dort »wohnten« sie noch immer, von dort waren sie an diesem Vormittag aufgebrochen, um in meine Kanzlei zu kommen. Sie hatten dort weder Wasser noch Strom, noch war ihr Haus an die Kanalisation angeschlossen. In den meisten Räumen fehlte sogar noch der Estrich, Rohre und Kabel lagen auf dem blanken Betonboden, die Wände waren nicht verputzt. Toilette, Bad, Heizung, Türen – alles noch nicht da.

Die Katastrophe war perfekt: Die drei Frauen bewohnten eine verlassene Baustelle, für die sie bereits 245 000 Euro bezahlt hatten, und sie waren komplett pleite. Zu allem Überfluss hatten jetzt auch noch der Gerüstbauer und der Dachdecker Forderungen an sie gestellt, da der Bauunternehmer deren Rechnungen nicht beglich. Sie sollten nun also manche Leistungen auch noch doppelt bezahlen. Und als ob das nicht wirklich schon gereicht hätte, drohte die Bank mit Zwangsvollstreckung, da die letzten Darlehensraten ebenfalls noch ausstanden. Schmierichs Plan – wenn man ihn denn so bezeichnen wollte – war auf ganzer Linie gescheitert. Selbst die mittlerweile leerstehende Eigentumswohnung in der Stadt war immer noch nicht verkauft.

Ein Bekannter riet ihnen, einen Baugutachter zu beauftragen. Der hatte nun festgestellt, dass es auch noch erhebliche Baumängel gab. In Keller und Dach fehlten Abdichtungen, und die gesamte Statik des Hauses entsprach in keiner Weise den Sicherheitsvorschriften. Das Haus war laut Gutachter fast 46 000 Euro weniger wert, als es zu diesem Zeitpunkt hätte sein müssen. 46 000 Euro, die der Unternehmer zwar kassiert, aber nicht verbaut hatte.

Ich war fassungslos, als ich das Gutachten sah. Und schlug sofort eine Ortsbegehung vor, damit ich mir ein Bild vom Alltag meiner neuen Mandantinnen machen konnte. Auf der Fahrt dorthin ging ich den Fall noch einmal für mich durch: Makler Schmierich hatte die drei gutgläubigen Damen nicht nur mit einem Hauspreis ohne Grundstück gelockt, sondern dann auch noch versucht, an jeder nur denkbaren Stelle selbst zu kassieren. Ein Makler, der bei einem Hausbau »alles aus einer Hand« abwickelt, ist immer verdächtig. Natürlich sind schlüsselfertige Häuser verlockend, sie klingen nach einer sauberen Lösung. Aber in diesem Fall war mir sofort klar: Der hat mehrfach abkassiert! Und nur das war sein Ziel gewesen. Für das Baugrundstück gab es die übliche Maklercourtage. Anschließend vermittelte er »aus purer Freundlichkeit« den passenden Bauunternehmer. Auf diese Weise hatten die Kundinnen auch gleich Pläne ihres schlüsselfertigen Traumhauses auf dem Tisch: Wenn man statt einer vagen Idee konkrete Pläne und Bilder vor Augen hat, wird es umso schwerer zu widerstehen. Vom Bauunternehmer gibt es dafür natürlich ebenfalls eine Provision für den freundlichen Makler. Und die Vermittlung eines Finanzdienstleisters macht sich in der Regel auch bezahlt.

Und Schmierich hätte längst noch einen draufsetzen können, wenn es ihm nur gelungen wäre, die Eigentumswohnung der drei Damen für die angestrebten 100 000 Euro an den Mann zu bringen. So blieb dummerweise nicht nur die vierte Provision für ihn aus, das ganze Unternehmen drohte nun ernsthaft zu scheitern. Was natürlich in erster Linie für die drei Damen ein Alptraum war, mein Mitleid für Schmierich hielt sich arg in Grenzen.

In einem beschaulichen Weindörfchen, auf einem ehemaligen Gartengrundstück in zweiter Reihe hinter kleinen Bruchsteinhäusern, sah ich dann das ganze Elend. Ein relativ hohes, schmales, noch allein stehendes Reihenhaus, eingerüstet und unverputzt, thronte auf einem Hügel. Um den Rohbau lag allerlei Baustellenmüll im Matsch – das war das »schlüsselfertige Traumhaus mit Garten« für 245 000 Euro.

Der Hauseingang lag an einem Hang, gut und gerne drei

Meter höher als der Zugang zum Grundstück. Davor sammelte sich Wasser in einem tiefen Graben, wo irgendwann einmal der Kanalanschluss gelegt werden sollte. Vorher konnte auch die Treppe zur Eingangstür nicht angebracht werden. Was das bedeutete, wurde mir erst bewusst, als ich es mit eigenen Augen sah: Monika musste eine wackelige Holzleiter zur Haustür hochklettern, um dann von innen die Terrassentür zu öffnen. In der Zwischenzeit führte Sabine ihre Oma über matschige Baubohlen langsam um das Haus herum zu dessen Rückseite, dorthin, wo irgendwann einmal die Terrasse sein sollte. Anders kam Hildegard mit ihren Schmerzen in der Hüfte gar nicht ins Haus. So leben zu müssen war einfach nur erniedrigend.

Endlich drinnen angekommen, ließ sich Hildegard erschöpft auf ein altes, grünes Sofa fallen und wischte sich verstohlen die Augen hinter den großen Brillengläsern. Monika und Sabine setzten sich zu ihr, um sie zu trösten – sie hielten zusammen, was da auch kommen sollte. Dieses Bild habe ich bis heute vor Augen, wenn ich an die aussichtslose Lage der drei Damen zurückdenke.

Doch Sentimentalitäten halfen uns in dieser Situation nicht weiter, wir brauchten dringend einen konkreten Rettungsplan. Wieder einmal versuchte ich ganz bewusst, möglichst sachlich zu sein, um meinen Mandantinnen zu erklären, wie der Fall juristisch zu bewerten und was aus meiner Sicht der Dinge nun zu tun war. Ich versprach den dreien natürlich keine Wunder, aber ich versicherte ihnen, dass ich ihnen helfen würde. Zwei Punkte hatten dabei absolute Priorität: das Haus endlich bewohnbar zu machen und die Eigentumswohnung in der Stadt so gewinnbringend wie möglich zu verkaufen. Beides so schnell, wie es nur irgendwie ging.

Wer von einem Makler und einem Bauunternehmer so

über den Tisch gezogen wurde, dass seine Existenz bedroht ist, der wird natürlich misstrauisch. Doch zum Glück ließen sich Hildegard, Monika und Sabine von meinem Plan überzeugen und gaben mir grünes Licht.

Als Erstes musste ich ein Helferteam organisieren, das wenigstens die allernotwendigsten Arbeiten im Haus fertigstellte: Außentreppe, Estrich, Wasser, Strom, Heizung, Bad. Ein ehemaliger Mandant, seines Zeichens Heizungsbauer und Installateur, dem ich mal aus der Patsche geholfen hatte, versicherte mir schon seit Monaten, dass ich noch was bei ihm guthätte. Jetzt war die Gelegenheit da. Weil er mir nicht nur dankbar, sondern außerdem auch noch ein sehr netter und hilfsbereiter Mensch war, sagte er zu, Wasseranschluss, Heizung und Bäder der Frauen zu installieren. Alles zu einem guten Preis und zudem gestundet. Zahlungsbeginn dann, wenn die drei Damen wieder flüssig waren. Das Angebot nahmen wir dankend an.

Und dann gab es da noch einen Bauunternehmer, der im Gegensatz zu Windich absolut vertrauenswürdig war und den ich schon lange Jahre kannte. Er hatte sich darauf spezialisiert, ältere Wohnungen zu kaufen, zu sanieren und dann wiederzuverkaufen. Ihm wollte ich die Eigentumswohnung der Damen anbieten – mit etwas Glück hätten wir dann vielleicht schon die beiden dicksten Kühe vom Eis.

Allerdings hatte ich die Wohnung in der Stadt bis dato selbst noch nicht gesehen. Dass Schmierich es immer noch nicht geschafft hatte, sie loszuwerden, konnte eigentlich nur bedeuten, dass sie die von ihm erträumten 100 000 Euro nicht wert war. Außerdem war das Darlehen auch noch nicht abbezahlt. Viel würde uns auch der Verkauf am Ende nicht bringen, aber er könnte uns zumindest etwas Luft verschaffen. Und es war allemal realistischer, die Wohnung zu Geld zu machen als den Rohbau in seinem unsäglichen Zustand. Und zurück in die Wohnung wollten die drei Damen sowieso nicht. Also hieß es nun: Wohnung verkaufen und Haus retten. Denn keinesfalls durften meine Mandantinnen jetzt auch noch das neue Haus verlieren. Die Chancen standen zwar alles andere als gut, wenn man sich ihre finanzielle Situation ansah, aber es schien der einzig realistische Weg zu sein. Andernfalls hätten die drei bereits im Herbst tatsächlich auf der Straße landen können, weil sie einfach zu hoch verschuldet waren. Von der Zeitungsanzeige bis zur Obdachlosigkeit in einem Jahr – die Zeit drängte.

Natürlich dachten wir auch über eine Strafanzeige gegen Bauunternehmer Windich nach. Schließlich hatte er sie um Tausende von Euro betrogen und auf einer Bauruine sitzenlassen. Ich habe aber gerade in solch haarsträubenden Fällen die Erfahrung gemacht, dass Baustreitigkeiten am schnellsten und effektivsten nicht vor Gericht, sondern auf der Baustelle geschlichtet werden können. Eine gütliche außergerichtliche Einigung, das wäre für die drei Damen die beste Lösung, auch wenn das bedeutete, dass alle Seiten Kompromisse eingehen mussten. Aber: Lieber Abstriche machen als hingehalten werden und am Ende mit leeren Händen auf der Straße stehen! Zu oft habe ich schon Bauunternehmer erlebt, die mir frech ins Gesicht gesagt haben: »Wenn Sie wegen dieser Mängel vor Gericht gehen, hebe ich die Hand!« Tja, und dann kann man den Prozess noch so eindeutig gewinnen, von einem insolventen Schuldner ist nichts mehr zu erwarten.

Also sah der Plan, den ich mit Hildegard, Monika und Sabine beschloss, wie folgt aus: Wir holen Schmierich und Windich an einen Tisch und retten, was noch zu retten ist! Ich telefonierte also zunächst mit Makler Manfred Schmierich und versuchte, ihn auf meine Seite zu ziehen. Ich schilderte ihm die Situation der drei Damen und fragte ihn, was er denke, wie wir wohl helfen könnten. Ich appellierte an seine Hilfsbereitschaft, die er bisher ja immer wieder bewiesen habe. Ob er nicht seinen guten Einfluss geltend machen könne. Er habe doch die Bauherrinnen immer gut beraten und ihnen in Verhandlungen beigestanden. Mir gelang es tatsächlich, sein Ego zu kitzeln, und ich fragte ihn, ob er es wohl schaffen könnte, auch den Bauunternehmer für das Gespräch zu gewinnen. Ich ließ in diesem Telefonat kein Wort von Betrug oder Strafanzeige fallen. Aber ich ließ bewusst durchblicken, dass da ja leider auch sein guter Ruf auf dem Spiel stünde. Die Sache gestaltete sich einfacher als gedacht. Schmierich biss an – ob aus schlechtem Gewissen oder weil er einfach nicht damit gerechnet hatte, dass sich die drei Damen doch noch zur Wehr setzten – und lud uns in sein Büro.

An einem wahnsinnig heißen Freitag Ende August war es so weit. Ich holte meine drei Mandantinnen aus ihrem weiterhin brachliegenden Rohbau ab, und wir fuhren gemeinsam in die »Höhle des Löwen«. Die drei waren extrem angespannt. Kein Wunder, seit ihnen bewusst war, dass ihnen tatsächlich die Obdachlosigkeit drohte. Ich versuchte, sie zu beruhigen, erklärte ihnen noch einmal meinen Plan für das Gespräch und welche Ergebnisse ich für realistisch hielt – aber für die drei stand viel zu viel auf dem Spiel.

Doch auch Herr Schmierich wirkte nervös, als er uns in seinem Büro empfing. Er verhaspelte sich bei der Begrüßung und versuchte ziemlich unbeholfen, sofort wieder angemessen ernst dreinzuschauen. Nur zwei Minuten nach uns traf Bauunternehmer Windich ein. Auch ihm war anzusehen, dass er sich nicht gerade auf dieses Treffen freute. Lieber wäre er wohl zum Zahnarzt gegangen.

Bevor sich allerdings eine allzu schlechte Stimmung breitmachen konnte, übernahm ich die Gesprächsführung. Ich verteilte eine Vorlage, die ich für alle Gesprächsteilnehmer vorbereitet hatte, und packte damit die Fakten auf den Tisch: das Gutachten, die Mängel, die überzahlte Bausumme, die Wohnsituation der Frauen. Sowohl Makler als auch Bauunternehmer wurden in ihren Bürostühlen immer kleiner. Doch anstatt draufzuhauen, machte ich ihnen ein Angebot: »Mir ist schon klar, Sie haben sich mit diesem Projekt wahrscheinlich verkalkuliert. Jetzt läuft Ihre Firma Gefahr, den Bach runterzugehen. Lassen Sie uns doch einen Vergleich finden, mit dem allen geholfen ist: Sie zahlen die überzahlten 46 000 Euro zurück, wir entlassen Sie aus dem Vertrag, und Sie sind die Baustelle und alle Sorgen und Forderungen los! Wir kümmern uns um den Rest, und es gibt keine Gerichtsverhandlung mit allen unliebsamen finanziellen und rufschädigenden Folgen!«

Um es kurz zu machen: Die beiden Herren hatten kein Gegenargument, kein einziges. Im Gegenteil: Sie schienen mehr als dankbar, dass es nicht hart auf hart für sie kommen würde. Ohne nachzuverhandeln, waren sie bereit, alle unsere Forderungen zu erfüllen.

Hildegard betrieb am Ende sogar noch ein Stück persönliche Seelenhygiene, indem sie eine ungewöhnliche Einladung an Windich und Schmierich aussprach: »Ich lade Sie beide ein, bei uns vorbeizukommen, um zu sehen, wie wir wohnen. Es gibt löslichen Kaffee vom Campingkocher. Auf Toilette sollten sie allerdings zu Hause noch mal gehen, wir haben nämlich nur ein Campingklo, und Hände waschen können Sie bei uns auch nicht.« Sie sagte das überhaupt nicht aggressiv, sondern auf ihre zurückhaltende, bescheidene Art – aber man merkte trotzdem, dass ihr jedes einzelne Wort wieder

Luft zum Atmen verschaffte, sie von einer Last befreite. Es tat der tapferen alten Dame einfach gut nach all dem Leid. Und die Botschaft schien bei den beiden Herren auch angekommen zu sein. Zumindest dachten wir das, als wir vier Frauen das Büro in wesentlich besserer Laune verließen, als wir es betreten hatten.

Doch in der darauffolgenden, schriftlich festgesetzten Frist von vier Wochen passierte nichts. Rein gar nichts. Keine Antwort auf Nachfragen und erst recht kein Geld! Der Bauunternehmer war abgetaucht, nicht auffindbar. Und uns rannte schon wieder die Zeit davon, weil die Bank natürlich weiter Druck machte.

Jetzt machte ich also doch noch wahr, was wir bereits untereinander besprochen hatten: Wir zeigten Windich an. Doch die Ernüchterung, die ich bereits befürchtet hatte, trat sogar noch früher ein als gedacht: Bei der Polizei erfuhr ich, dass gegen den Mann bereits etliche Strafanzeigen vorlagen. Unsere Anzeige war zwar notwendig, um eine rechtliche Basis zu schaffen, die schreckliche Situation der drei Damen im Rohbau würde sie jedoch in keiner Weise verbessern. Denn all die anderen Anzeigen trübten natürlich die Aussicht, die verfrüht bezahlten Raten schon bald wiederzusehen. Wenn wir sie überhaupt jemals wiederbekommen würden.

Ein paar Wochen später löste sich das letzte bisschen Hoffnung in Luft auf, als mich Post von der Staatsanwaltschaft erreichte: Das Verfahren gegen den Bauunternehmer wurde eingestellt. Unser Betrugsvorwurf war im Verhältnis zu anderen ihm vorgeworfenen und bereits angezeigten Taten »nicht beträchtlich« – mit anderen Worten: Unser Fall und die zurückgeforderte Summe waren im Gegensatz zum insgesamt von Windich verursachten Schaden nur »Peanuts«. Wenn man nur auf die Zahlen schaute, mochte das der Fall sein.

Aber wie sollte man das den Opfern klarmachen, denen nun mehr denn je die Obdachlosigkeit drohte?

Auch Makler Schmierich war nicht dranzukriegen. Bei aller gespielten Freundlichkeit hatte er sich keine formellen Fehler geleistet, so dass er weiterhin das Unschuldslamm spielen konnte. Selbst ein zwischenzeitlicher Ausraster auf meinem Anrufbeantworter, bei dem er mir drohte, meine Kanzlei kurz und klein zu schlagen, wenn ich nicht mit meinen »Anschuldigungen« aufhören würde, konnte mir nicht weiterhelfen, Schmierich finanziell für die drei Damen zur Rechenschaft zu ziehen. Auf dem Papier war er sauber. Obwohl seine Geschäftsmethoden mehr als fragwürdig erscheinen müssen, stand hier bei den entscheidenden Fragen am Ende maximal Aussage gegen Aussage. Damit war den drei Damen sicher nicht geholfen, es würden nur noch mehr Kosten entstehen.

In dieser Lage konnte uns nur noch ein großer Zufall zu einem versöhnlichen Ende verhelfen. Offen gestanden: Ich glaubte selbst nicht mehr daran. Doch tatsächlich meinte es das Schicksal noch gut mit den drei Damen. Vielmehr war es der Menschlichkeit ihrer neuen Nachbarn im Grünen zu verdanken, dass sie ihr Haus schlussendlich doch noch retten konnten. Die katastrophale Wohnsituation hatte sich herumgesprochen, sie war ja auch kaum zu verbergen gewesen. Und zum Glück schauten nicht alle verschämt weg, sondern es packten viele mit an: Durch eine großartig organisierte Nachbarschaftshilfe wurden die gröbsten Mängel am Haus erstaunlich schnell behoben (sie spendeten unter anderem Heizkörper und Möbel und halfen beim Tapezieren und Streichen), und der zweite – der richtige! – Einzug der drei Damen in ihr Haus konnte gefeiert werden.

Und das Schönste für mich: Noch heute leben sie dort! Der Fall ist schon ein paar Jahre her, aber als ich bei einer Radtour zufällig durch ihren Ort kam – das war während der Arbeit an diesem Buch –, machte ich einen kurzen Abstecher zu ihrem Haus. Persönlich habe ich sie bei meinem Spontanbesuch zwar nicht angetroffen, doch alle drei Namen standen noch auf dem Klingelschild. Und wie ich sehen konnte, hatten sie in der Zwischenzeit auch ihren Garten wunderschön angelegt. Nach all den Strapazen ist der Traum von drei Generationen unter einem Dach für Hildegard, Monika und Sabine also doch noch in Erfüllung gegangen. Ein kaum für möglich gehaltenes Happyend.

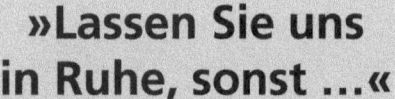

»Lassen Sie uns in Ruhe, sonst ...«

Eine Drohung, die ich ernst nehmen musste

Mir passiert es nicht oft, aber immer mal wieder, dass mich Menschen ansprechen, die mich schon einmal irgendwo im Fernsehen gesehen haben – sei es bei ZDF-WISO in der Rubrik *Lizenz zum Bauen* oder an der Seite des Architekten John Kosmalla bei RTL II in einer Folge der Doku-Soap *Die Bauretter*. So war es auch bei Familie Carvalho.

Das junge Ehepaar wusste nicht mehr weiter, die Bauanwältin aus dem Fernsehen war der allerletzte Strohhalm, die mehr als verpfuschte Baustelle oder vielmehr die Existenz des Paares und ihrer beiden Kinder irgendwie noch zu retten. Doch im Gegensatz zu vielen Fernsehformaten gibt es draußen in der Wirklichkeit längst nicht so oft ein versöhnliches Ende mit vor Glück strahlenden Gesichtern, wie es in der Glotze so gerne gezeigt wird. Und – um es vorwegzunehmen – das war leider auch bei Familie Carvalho nicht mehr möglich. Allerdings unter Umständen, wie auch ich sie zum ersten Mal in dieser Heftigkeit erlebte. In meiner Berufslaufbahn habe ich schon in einige Wespennester gestochen, aber so bedrohlich wie bei Familie Carvalho war es vorher noch nie gewesen. Und hinterher zum Glück auch nicht wieder.

Was war geschehen?

Im Grunde waren die Carvalhos einer der ganz klassischen Fälle, wie sie seit Bestehen meiner Kanzlei immer und immer wieder auf der Matte stehen: eine junge Baufamilie mit zwei kleinen Kindern von zwei und sechs Jahren, der Traum vom Eigenheim, aber eigentlich keine finanziellen Möglichkeiten beziehungsweise noch keine ausreichenden Rücklagen, diesen auch zu realisieren. Sie arbeitete tagsüber in einem großen Supermarkt an der Kasse und ging abends zusätzlich noch putzen, ihr Mann war bei einem Autohersteller in der Fertigung angestellt. Die Großeltern beider Familien waren als Gastarbeiter aus Portugal nach Deutschland gekommen, die Eltern wuchsen bereits hier auf, und nun wollte sich die dritte Generation endlich den Traum vom Eigenheim verwirklichen. Wie gesagt, eigentlich eine klassische junge Baufamilie. Der einzige Unterschied zu anderen typischen Bauherren lag darin, dass Familie Carvalho nicht nur einen oder zwei der üblichen Fehler begangen hatte, sondern so ziemlich jeden, den unbedarfte Menschen beim Hausbau nur begehen können.

Obwohl die Leichtgläubigkeit des Ehepaars, um nicht zu sagen: die Naivität (positiver ausgedrückt könnte man natürlich auch von »grenzenlosem Optimismus« sprechen), von Anfang an mehr als offensichtlich gewesen sein musste, hatte sich kein einziger der Geschäftspartner, mit denen sie es zu tun bekamen, zu irgendeinem Zeitpunkt daran gestört, dass ein Hausbau für Familie Carvalho finanziell ein vollkommen utopisches Vorhaben war. Ein seriöser Berater hätte ihnen ganz einfach davon abraten und stattdessen eher noch eine Eigentumswohnung oder eine Bestandsimmobilie empfehlen müssen, gegebenenfalls zur Renovierung. Man muss es deshalb so deutlich formulieren: Solange auch nur ein paar Cent an ihnen zu verdienen waren, ließen alle Beteiligten die junge

Familie sehenden Auges ins Verderben rennen. Sie wurden am Anfang getäuscht, am Ende betrogen und zwischendurch ausgenommen.

Als ich das junge Paar zum ersten Mal traf, herrschte bereits seit Wochen Stillstand auf ihrer Baustelle. Und nicht nur das: Obwohl sie bereits einige Raten für Leistungen bezahlt hatten, die noch gar nicht erfüllt worden waren, forderte der Bauunternehmer immer mehr Geld. Ein Spielchen, das sich bereits mehrfach auf ihrer Baustelle wiederholt hatte. Und jedes Mal, wenn die Carvalhos wieder einmal bezahlt hatten, folgte nur wenig später bereits die immer gleiche Drohung: »Wenn Sie nicht zahlen, stellen wir die Arbeiten ein!« Und täglich grüßt die Habgier ...

Um den Unternehmer bei Laune zu halten, zahlten die Bauherren jedes Mal so schnell sie nur konnten, aus Angst, eine Verzögerung der Bauarbeiten könnte sie am Ende nur noch teurer zu stehen kommen. Doch das konnte natürlich nicht ewig so weitergehen. Und gutgehen gleich gar nicht. Das wollten die Carvalhos aber so lange nicht wahrhaben, bis wirklich gar nichts mehr ging. Als sie mich im Fernsehen sahen und aus purer Verzweiflung anriefen, war ihr Erspartes längst aufgebraucht, jegliches Darlehen ausgereizt, sämtliche Kreditrahmen ausgeschöpft – und die deutlich überzahlte Baustelle noch lange nicht bezugsfertig.

Zu diesem Zeitpunkt war Familie Carvalho bei realistischer Betrachtung also kaum noch zu helfen. Auch wenn die Ungerechtigkeit nur so zum Himmel schrie, waren die beiden nun einmal nicht unschuldig an ihrer aussichtslosen Situation: Sie hatten sich nicht nur viel zu spät dazu entschieden, Hilfe zu holen, sie waren schon bei der Vorbereitung ihres Vorhabens unglaublich blauäugig zu Werke gegangen. Sie hatten sich zum Beispiel in keinster Weise darüber informiert, mit wem sie es eigentlich zu tun hatten. Über den Bauunternehmer wussten sie bis auf den Namen, die Firmenanschrift und die Telefonnummer rein gar nichts. Sie hatten sich vor Vertragsunterzeichnung von niemandem beraten lassen, sondern dem fremden Unternehmer blind vertraut – bei einer sechsstelligen Summe ist das fast so, als würde man beim Pferderennen sein ganzes Vermögen auf ein Tier namens Super Horse setzen, ohne zu überprüfen, wie alt das Pferd ist, welche Erfolge es vorweisen kann, wer es reitet, wie hoch die Gewinnquote ist und so weiter. Familie Carvalho hatte im Grunde nicht einmal gewusst, ob es ein Rennpferd war, auf das sie ihr gesamtes Hab und Gut verwetteten, oder ein Seepferdchen.

Und auch während des Bauverlaufs machten sie einen Fehler nach dem anderen: Sie zahlten, wie gesagt, die einzelnen Bauraten viel zu früh; sie zahlten sogar mehr, als überhaupt in ihrem Vertrag stand, den sie von niemandem hatten prüfen lassen, bevor sie ihn unterschrieben; sie ließen auch zu keinem Zeitpunkt den Bautenstand von einem Sachverständigen prüfen. Für einen Bauunternehmer mit krimineller Ader – wie der Bauunternehmer der Familie Carvalho zweifellos einer war – müssen das fast schon paradiesische Zustände gewesen sein. Der ließ sich natürlich nicht zweimal bitten und langte so kräftig zu, wie es nur ging. Das Ergebnis waren eine erhebliche Überzahlung und eine vor Mängeln nur so strotzende Baustelle.

Als sich ein Freund der Familie Carvalho immer wieder über den schleppenden Bauverlauf wunderte, begann er, sich ernsthaft Sorgen um das neue Zuhause der jungen vierköpfigen Familie zu machen. Bislang hatten sie sich von niemandem in ihren Hausbau reinreden lassen wollen und sich gegenüber allen Tipps und Hinweisen von Freunden und

Verwandten als beratungsresistent erwiesen. Das Haus war ihr Traum, und deshalb lehnten sie freundlich dankend jeden noch so gutgemeinten Ratschlag ab. Der Freund redete ihnen jedoch so lange ins Gewissen, bis sie schließlich nachgaben – auch weil sie selbst nicht mehr weiterwussten. Er überzeugte sie davon, die Baustelle von einem Sachverständigen begutachten zu lassen, um den Hausbau endlich zu beschleunigen. Das war grundsätzlich ein guter Rat – allerdings beschleunigte er den Bauunternehmer ganz anders als beabsichtigt. Allein schon die Ankündigung eines Sachverständigen veranlasste den Unternehmer dazu, alles stehen und liegen zu lassen. Er stellte nicht nur umgehend die Arbeiten ein, wie er es schon mehrfach angedroht hatte, er ging angesichts des angekündigten Sachverständigen sogar noch weiter und steigerte seine Drohungen: »Wenn Sie sich nicht an den Vertrag halten, bekommen Sie diesmal richtig Ärger!« Und forderte wieder Geld.

So ein Verhalten als »frech« zu bezeichnen, wäre maßlos untertrieben. Das Traurige ist nur, dass so etwas keine unrühmliche Ausnahme, sondern Alltag auf vielen Baustellen in Deutschland ist. Und warum? Ganz einfach: Weil es funktioniert. Viele Bauherren lassen sich in ihrer Unerfahrenheit über den Tisch ziehen. Sie denken, sie hätten keine andere Wahl, sie fühlen sich ihren Bauunternehmern hilflos ausgeliefert. Mir haben schon so viele Bauherren von Gefühlen der Machtlosigkeit und des Ausgeliefertseins berichtet, dass ich sie gar nicht mehr zählen kann. Und wenn sie sich zu irgendeinem späteren Zeitpunkt doch noch dazu entschließen, juristische und/oder baufachliche Unterstützung in Anspruch zu nehmen, ist es vielen Bauherren sogar peinlich zuzugeben, in eine gemeine Falle getappt zu sein – so gut funktionieren diese Maschen.

Das hat zur Folge, dass Bauherren oft viel zu lange zögern und auf Gott oder sonst eine glückliche Fügung hoffen – und will diese einfach nicht eintreten, dann würden sie sich aus Scham am liebsten verkriechen. Wie hoch die »Erfolgsquote« derart betrügerischer Unternehmer beim Hausbau wirklich ist, lässt sich aus diesem Grund auch nicht genau sagen. Aber ich schätze die Dunkelziffer höher ein, als es sich die allermeisten privaten Bauherren vorstellen können – bevor sie selbst gebaut haben ...

Dass Familie Carvalho sich bei mir meldete, war nach all den Drohungen ihres Bauunternehmers also alles andere als selbstverständlich. Und obwohl es viel zu spät war und die Aussichten auf Erfolg verschwindend gering, sagte ich ihnen meine Unterstützung zu.

Meine Kanzlei ist natürlich kein Wohlfahrtsverband, der von großzügigen Spenden gnädiger Mäzene lebt. Für unsere Arbeit erheben wir die gängigen Honorare und stellen Rechnungen, logisch. Aber in diesem Fall musste geholfen werden, auch wenn von vornherein klar war, dass die Carvalhos nicht in der Lage sein würden, eine Rechnung zu begleichen, und sei sie auch noch so gering. Mit Tränen kämpfend legte Frau Carvalho alle Unterlagen zu ihrem Hausbau in meine Hände: »Bitte helfen Sie uns, Frau Reibold-Rolinger, Sie sind unsere letzte Hoffnung.«

Wie in den allermeisten Fällen war es auch in dieser Familie so, dass die Frau sich mit den Unterlagen besser auskannte und einen viel größeren Überblick über das ganze Hausbauprojekt hatte als ihr Mann. Doch von Überblick im Sinne von »im Griff haben« konnte schon längst nicht mehr die Rede sein. Wie sich herausstellte, ging es nur noch darum, den Kopf irgendwie aus der Schlinge zu ziehen.

Wir machten uns sofort ans Werk und klopften gemeinsam die Möglichkeiten ab, die uns noch blieben. Nach allem, was ich bis dahin gehört hatte, rechnete ich mir nicht mehr viel aus, aber gerade in solchen Fällen sind es oft Kleinigkeiten, die einen Ansatzpunkt liefern. So einen mussten wir finden, um den Bauunternehmer irgendwie zu fassen zu kriegen und zur Rechenschaft ziehen zu können. Und das Ganze möglichst schnell.

Doch bei allem Zeitdruck war es – wie immer in meinem Beruf – unumgänglich, den üblichen Routinen juristischer Abläufe Folge zu leisten. Denn was nützte uns der schönste Ansatzpunkt, mit dem wir den Betrüger dingfest machen konnten, wenn wir vor lauter Eile einfachste Formfehler begingen. Auch das wird von vielen Bauherren oft sträflich unterschätzt. Um gegebenenfalls später bei Gericht überhaupt Erfolge erzielen zu können, mussten wir all die Dinge beachten, deren Bedeutung vielen Nichtjuristen oft nicht einleuchten. Wenn man nur eine Maßnahme vergisst – zum Beispiel dem Unternehmer keine Fristen setzt oder den Nachweis nicht führen kann (durch Zeugen oder ein Einschreiben), dass man diese Fristsetzungen tatsächlich auch verschickt hat –, dann bekommt man vor Gericht später ein Problem.

Das mag banal klingen, ist aber eines der ganz typischen Probleme, die ich immer wieder mit Mandanten habe. Ein Beispiel: Ein Bauunternehmer ist mit einer Bauleistung in Verzug. Er hätte längst damit fertig sein müssen und bekommt daher vom Bauherrn ein Fax oder eine E-Mail mit der dringenden Bitte, doch wieder die Arbeiten aufzunehmen und das Haus fertigzubauen, weil man sonst mit den Kindern und der kompletten Wohnungseinrichtung auf der Straße sitzt, da die Mietwohnung ja bereits gekündigt wurde. Da kann man auf die Tränendrüsen drücken, sosehr man will, und es kann so nachvollziehbar und einleuchtend sein wie nur irgend möglich – ohne Fristsetzung und ohne Einschreiben sind diese Aufforderungen juristisch so gut wie nichts wert. Viele Bauherren sind in solchen Situationen einfach zu nett und freundlich und vergessen, mit ihren Geschäftspartnern Klartext zu reden. Und mit welchen Folgen (beziehungsweise Nichtfolgen)? Dass Fristen gesetzt und zum Nachweis der Zustellung per Einschreiben verschickt werden müssen, wissen erfahrene Bauunternehmer natürlich sehr genau. Daher reagieren sie auf blumige Schreiben oder E-Mails der Bauherren nur, wenn sie wollen – oder sie lassen es bleiben und legen die Schreiben in ihrem Ordner »Gelesen und gelacht« ab.

Man muss sich von der Idee verabschieden, dass auf deutschen Baustellen kooperativ und respektvoll gehandelt wird, auch wenn der Bundesgerichtshof in einer Grundsatzentscheidung allseits die Kooperationspflicht am Bau fordert. Besagte Grundsatzentscheidung stammt aus dem Jahr 1999. Nur leider überprüft das kein Mensch. Und welcher Bauherr hat schon das Geld, die Nerven und das Durchhaltevermögen, seinen Rechtsstreit über mehr als zehn Jahre bis zum Bundesgerichtshof zu tragen? Der Unterschied zwischen Theorie und Praxis könnte kaum größer sein.

Selbst wenn wir spaßeshalber einmal annehmen, ein privater Bauherr wäre bereit, so lange durchzuhalten, wäre das Ergebnis in der Realität kaum ein anderes (wie Sie im Kapitel *Das hält alles in sich!* noch lesen können). Denn leider bietet unser deutsches Recht den schwarzen Schafen genügend legale Schlupflöcher. So kann, um nur ein Beispiel zu nennen, ein Unternehmer seine Firma an die Wand fahren und eine Woche später im selben Büro unter ähnlichem Namen und mit denselben Geschäftsinhalten weitermachen. Glauben Sie nicht? Passiert aber ständig, so unfassbar das auch klingen mag. Gestern liquidiert, heute schon wieder im Rennen. Auch zu solchen Fällen kommen wir noch in diesem Buch (zum Beispiel im Kapitel *Damit habe ich nichts zu tun – die Firma gibt's nicht mehr*).

Es ist wirklich traurig, das feststellen zu müssen, aber das Baugewerbe ist von besonders vielen Menschen unterwandert, die andere um ihr Geld bringen wollen. Sie treten als »Baupartner«, »Bauvermittler«, »Baudienstleister« oder auch »Franchisenehmer« auf und wollen allein dadurch schon Kompetenz vorgaukeln. Dass es Familie Carvalho mit genau so einem Kaliber zu tun hatte, war jetzt auch ihnen klargeworden.

Wenn es meine Mandanten mit einem dieser schwarzen Schafe zu tun bekommen haben, sind sie einfach nur entsetzt: »Haben die keinen Anstand? Keinen Respekt? Sind die wirklich so skrupellos und gehen über Leichen, nur des Geldes wegen?«

Und die Antwort ist: Ja, das ist so, und das ist schon sehr, sehr lange so. Diese schlechten Strukturen haben sich über viele Jahre manifestiert, mit dem Ergebnis, dass Verbraucherschutz am Bau immer noch sehr klein geschrieben wird. Das äußert sich unter anderem darin, dass es keine Pflichten für die Verträge mit den Verbrauchern gibt. Auch die VOB, die Vergabe- und Vertragsordnung für Bauleistungen, ist unternehmerfreundlich, und Gleiches gilt für die Rechtsprechung.

Bisher ist das Verbraucherrecht nicht im BGB implementiert, mit anderen Worten: Der Schutz des Verbrauchers findet im Gesetz nicht oder zumindest nur unzureichend statt. Seit 2009 gibt es zwar die gesetzliche Verpflichtung für Unternehmer, dem Bauherrn eine Vertragssicherheit vorzulegen, bevor der Bauherr zum ersten Mal zahlt. Doch das macht in der Praxis so gut wie keiner! Wenn man die Unternehmer im

Streitfall darauf anspricht, reden sie sich oft einfach raus: »Der Bauherr hat das nicht verlangt.« Das Problem ist nämlich, dass der Bauherr im Normalfall gar nichts von dieser Regelung weiß. Der Unternehmer schon, aber der schweigt – und kommt immer noch viel zu oft damit durch. Denn was bringt es, wenn ein Richter in einem Klageverfahren dieses Verhalten rügt, der Bauherr aber kein Geld hat, um sein Recht über mehrere gerichtliche Instanzen hinweg auch zu erstreiten?

Wenn meine Mandanten dann fragen, wie es dazu kommen konnte, kann ich nur entgegnen, dass der Schutz der Bauindustrie politisch gewollt war und ist. Das Bauen ist schließlich ein milliardenschwerer Markt. Erst so langsam macht sich das Engagement der Verbraucherverbände für private Bauherren bemerkbar. Die Änderungen im Bauvertragsrecht 2016/17 sind ein sehr guter Anfang – vorausgesetzt, man macht sich als privater Bauherr rechtzeitig schlau. Denn sie stärken zwar die Position des Verbrauchers (zum Beispiel werden durch die Einführung eines Verbraucherbauvertrags in das BGB die Abschlagszahlungen und ein Widerrufsrecht geregelt), aber vereinfacht werden Bauverträge dadurch nicht. Beratung tut also auch in Zukunft not, egal welche Verbesserungen noch kommen mögen.

Wer sich stattdessen darauf verlässt, gut behandelt zu werden, oder versucht, die Allgemeinen Geschäftsbedingungen von Baufirmen selbst zu entschlüsseln, braucht schon ein außergewöhnliches Gespür – oder mehr Glück als Verstand. Für einen durchschnittlich klugen Menschen sind die Vertragsgrundlagen im Normalfall unverständlich und intransparent. Sofern man sie überhaupt entziffern kann. Haben Sie schon einmal mehrere DIN-A4-Seiten, eng bedruckt in Schriftgröße 5, vollständig gelesen, ohne Kopfschmerzen oder Krämpfe in den Augen zu bekommen, und am Ende sogar noch verstanden, was da drinsteht? Juristisch mag das den formellen Vorschriften entsprechen, aber in Wahrheit hat das weniger mit Transparenz zum Nutzen der Verbraucher als mit einer einseitigen Absicherung der Bauunternehmer zu tun.

Beim Unterschreiben von Verträgen – nicht nur bei Bauverträgen, aber eben auch da – zeigen unglaublich viele Verbraucher einen großen Mut zur Lücke. Dass so eine Risikobereitschaft auch nach hinten losgehen kann, sollte wenig überraschend sein. Ich bin dennoch immer wieder entsetzt, wie blauäugig viele Bauherren mit ihrem Lebensprojekt Hausbau umgehen. Auch Familie Carvalho war so ein Fall.

»Ich dachte immer, hier in Deutschland gibt es gute Gesetze. Wie kann so was nur passieren? Wieso haben wir als Verbraucher keine besseren Rechte?« Diese und ähnliche Fragen höre ich immer wieder. Meine Antworten darauf sind dann traurig, aber leider wahr – auch den Carvalhos musste ich so eine Antwort geben: »Sie haben diesen Vertrag so unterschrieben, wie er ist, und leider haben Sie es dem Unternehmer damit sehr leichtgemacht. Betrachtet man nur das, was auf dem Papier steht, dann muss man feststellen: Sie haben Ihre Rechte einfach nicht wahrgenommen.«

Und nicht nur das. In diesem Fall war die Frau des Unternehmers als Geschäftsführerin angegeben, was immer darauf hindeutet, dass der tatsächlich agierende Geschäftsführer entweder gerade eine Insolvenz hinter sich hat oder aus anderen Gründen nicht als Geschäftsführer auftreten kann. Wenn irgendetwas nicht ganz koscher ist, dann wird in der Regel eine Frau eingesetzt, die den gleichen Namen trägt, aber nichts vom Bauen versteht. Das kann man ganz leicht durch eine Recherche bei der Handwerkskammer überprüfen. Und am besten holt man auch noch eine Bonitätsauskunft ein. Im Bauvertrag der Familie Carvalho handelte es sich um eine bulgarische Baufirma. Geschäftsführerin war die Ehefrau des Vorarbeiters. Mir standen die Haare zu Berge.

So schnell ich nur konnte, setzte ich ein Rettungsverfahren in Gang: Ich zeigte dem Unternehmer mit dem Gutachten die Mängel der Baustelle auf und setzte Fristen für deren Behebung. Außerdem konnte ich feststellen und belegen, dass Baugelder veruntreut worden waren. Doch die Einschreiben an die Firmenadresse kamen allesamt zurück: unbekannt verzogen. Was ich befürchtet hatte, wurde traurige Gewissheit – der Bauunternehmer war untergetaucht. Seine Homepage existierte bereits nicht mehr, die Festnetznummer war abgemeldet, ans Handy ging er nicht. Auch der Auszug aus dem Handelsregister war niederschmetternd: Die Firma war offiziell bereits seit drei Wochen liquidiert. Ich hatte es schon geahnt: Da war nichts mehr zu holen. Die Fristen liefen ins Leere.

Natürlich erstatteten wir trotzdem auch noch Strafanzeige, obwohl die Aussicht auf Erfolg bei realistischer Betrachtung extrem gering war. Die Fahndung lief dennoch auf vollen Touren, denn es zeigte sich schon bald, dass zahlreiche weitere Bauherren vom selben Unternehmer betrogen worden waren. Oder besser gesagt: vom selben Netzwerk, denn es handelte sich nicht um einen Einzeltäter.

Die Masche, wogegen die deutsche Justiz so schwer ankommt, funktioniert in vereinfachter Form so: Die Firmensitze befinden sich in der Regel im Ausland, meist in Polen, Ungarn, Bulgarien oder anderen osteuropäischen Ländern. In Deutschland tritt man mit einer deutschen Homepage auf, um den Anschein zu erwecken, eine deutsche Firma zu sein.

Weil der tatsächliche Vertragspartner aber im Ausland sitzt, ist er bei Rechtsstreitigkeiten so gut wie nicht zu fassen. Die Vertriebler in Deutschland sind entsprechend geschult und erhalten stattliche Provisionen. Sie sprechen sehr gut Deutsch und verkaufen den Bauherren das Haus als Superschnäppchen, denn sie wissen genau, womit sie die meisten Menschen in die Falle locken können: mit dem niedrigsten Preis. Um die Bauherren in Sicherheit zu wiegen, werden Garantiezertifikate vorgelegt, die zwar offiziell aussehen, aber keine echten Zertifikate sind.

Dann fangen die Firmen an zu bauen und rufen bis zur Fertigstellung des Rohbaus viel zu viele Gelder ab. Die Bauvorhaben sind dann meist bei Rohbaufertigstellung zu rund 30 Prozent überzahlt, weil der Bauherr am Anfang einfach immer zahlt, um den Unternehmer bei Laune zu halten. Die erste Euphorie, dass es losgegangen ist, trägt verständlicherweise auch zur Leichtfertigkeit bei. Nach der Rohbaufertigstellung haben diese Firmen ihr Geld verdient. Sie kommen dann mit fadenscheinigen Gründen für Verzögerungen, und sobald sie sicher sind, dass die Zitrone ausgequetscht ist, verschwinden sie plötzlich ganz von der Bildfläche. Gerne wird auch mit noch schwächeren Nachunternehmern gearbeitet, die sie genauso linken. Diese Firmen sehen kein Geld für ihre Leistungen und haben oft nicht einmal einen Vertrag, sondern nur eine mündliche Zusage – so entstehen zusätzliche Forderungen an den Bauherrn.

Das Bauvorhaben ist dann in der Regel nicht nur überzahlt, sondern muss auch noch von einem neuen Unternehmen weitergebaut werden, das im Normalfall teurer ist als der kriminelle Vorgänger. Außerdem gibt es für das, was vom ersten Unternehmen gebaut wurde, vom zweiten Unternehmen keine Gewährleistung. Dass dabei viele Mängel entdeckt werden, dürfte kaum noch überraschen. All diese Leichtfertigkeiten kommen natürlich vor allem einen teuer zu stehen: den Bauherrn. Häufig fehlt den Familien spätestens dann das Geld, um ihr Haus jemals so fertigzubauen, wie sie es ursprünglich geplant hatten. Manchmal retten Abstriche und Kompromisse die Fertigstellung, manchmal ist nichts mehr zu retten.

Auch die Banken spielen in solchen Fällen eine wichtige Rolle. Unrühmlich wird diese, wenn Banken die Bauraten einfach auszahlen, ohne von den Bauherren einen Nachweis für die Angemessenheit der gezahlten Bauraten zu fordern – in der Regel wird nämlich aufgrund einer Bauleitererklärung des Unternehmers zum Bautenstand ausgezahlt. Auch das geschieht in solchen Fällen oft viel zu leichtfertig.

Zurück zum Finale für Familie Carvalho. Die Baufirma war also mit dem Geld der Bauherren abgetaucht und nicht mehr auffindbar. Dennoch blieb ich dran an dem Fall und verfolgte unter anderem die Haftung der pro forma eingesetzten Geschäftsführung und der Mittelsmänner. Und das war dann wohl der bereits erwähnte Stich ins Wespennest.

Ich hatte nicht nur festgestellt, dass es weitere Geschädigte gab, ich sollte nun auch eine größere Interessengruppe gegen das kriminelle Finanz- und Immobiliennetzwerk vertreten. Das hätte der ganzen Sache natürlich wesentlich mehr Gewicht verliehen als ein Einzelfall und zumindest die Wahrnehmung erhöht. Auch für die Presse wäre es dann ein Thema geworden, was zumindest die Öffentlichkeit wachsamer gemacht hätte. So ließen sich eventuell zukünftige Opfer vermeiden. Und ich vermute, das war genau der Grund, weshalb ich richtig übel ausgebremst wurde.

Eines Morgens waren die Reifen meines Autos vor unserem Haus plattgestochen. Ärgerlich genug, aber noch ahnte ich nichts Böses. Ich rief ein Taxi und ließ mich zur Kanzlei bringen. Doch als ich die letzten Schritte bis zur Tür ging, wollte ich kaum glauben, was ich dort sah: Vor der Tür lag ein toter Kanarienvogel. Nicht einfach so, nicht zufällig von einer Katze geschnappt und liegen gelassen, sondern sehr bewusst und sehr sauber drapiert. Zufall ausgeschlossen. Es war wie in einem Mafiafilm. Aber die Botschaft verfehlte ihre Wirkung nicht. »Lassen Sie uns in Ruhe, sonst passiert Ihnen nur noch Schlimmeres.«

Wenn man selbst davon betroffen ist – und in Kombination mit den zerstochenen Autoreifen war ich mir absolut sicher –, wird einem richtig mulmig zumute. Irgendwie konnte ich es nicht fassen, dass man mit so klischeehaft anmutenden Mitteln dermaßen eingeschüchtert werden kann. Ich bin wahrlich nicht aus Zucker, aber tatsächlich hatte ich in den folgenden Tagen Angst, alleine in die Kanzlei zu gehen. Und es ging nicht nur um mich, meine Mitarbeiter und meine Familie waren natürlich genauso betroffen. Die Drohung war unmissverständlich, und das wirkte sich auf die Lebensqualität aller mittelbar und unmittelbar Beteiligten aus.

Jetzt können Sie wahrscheinlich auch nachvollziehen, weshalb ich in diesem Fall so wenig Konkretes über das Haus oder das Aussehen der Personen schreiben kann. Selbst wenn ich diese Angaben zum Schutz der Persönlichkeitsrechte verändere, ist mir das hier bis heute zu heikel. Dann lieber gar keine Angaben. Der ganze Fall hatte sich als eine ernstzunehmende Bedrohung entpuppt.

Ich musste eine bittere Entscheidung treffen. Die Situation war nicht länger tragbar. Sowohl den Carvalhos als auch den anderen Geschädigten teilte ich nach reiflicher Überlegung schließlich mit, dass ich mich zum Schutz meiner Familie und meiner Mitarbeiter von dem Fall zurückziehen würde. Ich hatte die Gewaltbereitschaft dieser »Mafia« schlicht und ergreifend unterschätzt. So gerne ich ihnen weitergeholfen hätte und sosehr es mir widerstrebte, aufzugeben, ich musste mich der Verantwortung gegenüber Familie und Mitarbeitern stellen. Und vor allem musste ich diese Verantwortung auch wahrnehmen.

Alles, was ich noch tun konnte, war, einen möglichen Nachfolger für mich zu finden. Ich konnte den Fall dann tatsächlich auch an einen Kollegen aus Frankfurt abgeben, der sich der Sache annehmen wollte. Genutzt hat aber leider auch sein Engagement der Familie Carvalho nicht mehr, wie ich später erfuhr. Zivilrechtlich konnte der Kollege nichts durchsetzen, weder der Bauunternehmer noch seine Komplizen konnten belangt werden, sie waren für die deutsche Justiz einfach nicht greifbar. Wie so oft in diesen Fällen.

Für das Ehepaar Carvalho war die Katastrophe danach komplett: Sie mussten Privatinsolvenz anmelden und kämpfen seither mit ihren beiden Kindern ums finanzielle Überleben. Während der skrupellose Bauunternehmer wahrscheinlich schon wenig später wieder seinen Geschäften nachging – und es bis heute tut.

»Ich weiß mir zu helfen!«

Bis dass der Hausbau euch scheidet

Bei meinen Mandanten handelt es sich überwiegend um junge Familien mit kleinen Kindern. Ich schätze ihren Anteil auf gut 80 Prozent, er könnte sogar noch höher liegen! Und irgendwie ist das natürlich auch naheliegend, denn in dieser Lebensphase steigt der Platzbedarf, die Berufskarriere ist angelaufen und man kann in etwa abschätzen, was man sich leisten kann. Genau wie bei den Schongeists.

Die Schongeists dürfen Sie sich geradezu als Vorzeigefamilie vorstellen. Was uns in Werbespots immer nur als heile Familienwelt vorgegaukelt wird, schien bei ihnen tatsächlich zu funktionieren. Sie: eine selbständige Fotografin, Anfang dreißig, lebenslustig, begeisterungsfähig, voller Pläne; er: ein erfolgreicher Banker, Ende dreißig, gutaussehend, ein Macher, der aber auch sicherheitsorientiert ist – vor allem seit die beiden Kinder, ein Junge von inzwischen sieben und ein Mädchen von fünf Jahren, da waren. Komplettiert wurde das Familienidyll von einem frechen Hund, der jeden Besucher fröhlich schwanzwedelnd begrüßte. Das alles wirkte für einen Außenstehenden fast zu schön, um wahr zu sein.

Wie so viele Baufamilien dachten auch die Schongeists, ein

gemeinsames Haus wäre die Krönung ihrer Ehe. Sie führten seit Jahren eine sehr glückliche Partnerschaft, auch die Umstellung mit einem Kind und später dann mit zwei Kindern verkraftete ihre Beziehung im Grunde reibungslos. Sie waren ein perfekt eingespieltes Team, sie fanden für jede Herausforderung eine gemeinsame Lösung, waren eine junge, intakte Familie. Als Nächstes sollte nun also ein schönes Eigenheim das i-Tüpfelchen setzen.

Genau wie viele andere junge Baufamilien hatten auch die Schongeists am Anfang etliche Wünsche und Ideen, wie ihr Traumhaus aussehen könnte. Sie wollten endlich raus aus ihrer 08/15-Mietwohnung, suchten nach der optimalen Lösung für das Großwerden ihrer Familie und stürzten sich voller Elan in das große Vorhaben. Das Geld war da, sie hatten viele Optionen und schmiedeten gemeinsam Pläne. Sie träumten von einem Haus im toskanischen Stil, mit hohen Fenstern, mediterranen Farben, warm und lichtdurchflutet sollte es sein, mit Blick auf den geliebten Rhein. Ihr neues Zuhause sollte Nest und Oase zugleich werden.

Doch leider – Sie ahnen es vielleicht schon – lief eben nicht alles glatt. Genau genommen lief so gut wie alles schief, und nicht nur auf der Baustelle. Vielleicht hatten sie sich von ihren eigenen Träumen blenden lassen, vielleicht war es einfach nur Pech – wahrscheinlich eine Mischung aus beidem plus eine gute Portion Unvermögen. Die Schongeists machten jedenfalls gleich zu Beginn Anfängerfehler Nummer eins. Ohne sich vorab zu informieren, ließen sie sich von einem Anbieter locken, der ihnen die schönste und sauberste Lösung vor die Nase hielt: mit Bauzeitgarantie, mit Baupreisgarantie, alles in gehobener Qualität, und dann fiel auch noch das Zauberwort »schlüsselfertig«. Es gab hübsche Fotos zu sehen von ähnlichen Traumhäusern, alles hörte sich so einfach an. Und schon war der Vertrag unterschrieben. Ohne Beratung, ohne zweite Meinung, mehr oder weniger aus dem Bauch heraus. Auch diese Vorzeigefamilie war vor den Bauernfängern der Baubranche nicht gefeit.

Fast kein Bauherr kennt den Unterschied zwischen Generalübernehmer, Generalunternehmer, Bauträger, Bauunternehmer, wirtschaftlichem Baubetreuer und all den anderen Figuren, denen man beim Hausbau begegnen kann. Auch Familie Schongeist war da keine Ausnahme. Weil die Unterschiede aber sehr wichtig sind, um überhaupt einschätzen zu können, mit wem man seinen großen Traum verwirklichen möchte, folgt gleich ein kleines *Who's who* der Baustelle.

Nähern wir uns den einzelnen Funktionen über ein harmlos wirkendes Wörtchen, das eben bereits fiel. Es verspricht Großes, ist aber mit noch viel größerer Vorsicht zu genießen: »schlüsselfertig«. Es ist eine äußerst gern verwendete Vokabel, weil sie nicht nach Baustellendreck, halbfertigen Häusern und lästigen Nachbesserungen, sondern nach einem vorgeheizten, einzugsbereiten, sauberen neuen Zuhause klingt. Das Problem ist nur, der Begriff »schlüsselfertig« ist gesetzlich in keinster Weise definiert!

Trotzdem ist die Anziehungskraft dieses Wörtchens so groß, dass rund drei Viertel aller Neubauten heute von Schlüsselfertig-Anbietern realisiert werden. In Eigenregie, etwa mit einem freischaffenden Architekten als Sachwalter, baut also nur noch eine Minderheit. Das eine muss nicht schlechter sein als das andere, dennoch ist die Entwicklung eindeutig: Wie die Schongeists bevorzugen die meisten Häuslebauer in Deutschland die scheinbar bequemste Variante. Vielleicht ist es eine Mentalitätssache, auf jeden Fall ist das Wort ein Geschenk für Marketing und Vertrieb.

Der unvoreingenommene Bauherr interpretiert »schlüsselfertig«, wenn schon nicht als besenrein oder staubfrei, in der Regel aber doch als »bezugs- und gebrauchsfertig«. Tatsächlich schuldet der Schlüsselfertig-Anbieter dem Bauherrn aber nur, was im Bauvertrag vereinbart wurde. Und da beide Parteien Vertragsgestaltungsfreiheit genießen, können sie festlegen, was der Vertrag enthalten soll – ganz gleich, mit welchen Worten das erste Angebot oder die Werbung ausgeschmückt wurden. Wenn sich der private Bauherr mit dem Vertragsvokabular nicht auskennt – und welcher Laie tut das schon? –, dann sind die tatsächlichen Vertragsinhalte am Ende häufig meilenweit von dem entfernt, was er anfangs unter »schlüsselfertig« verstanden hatte.

Viele Schlüsselfertig-Anbieter werben außerdem mit Festpreisen und festen Einzugsterminen, auch Baupreis- und Bauzeitgarantie genannt. So wie im Fall der Schongeists. Auch hier gibt es immer wieder Streitigkeiten, weil zwischen Werbung und Vertragsinhalten eben normalerweise noch eine Verhandlung stattfindet. Am Ende verbindlich ist aber ausschließlich der schriftliche Bauvertrag: Nur was vorab vertraglich vereinbart wurde, kann der Bauherr später auch vom Anbieter einfordern. Und deshalb muss der enttäuschte Bauherr meistens selbst dann in den sauren Apfel beißen, wenn er sich zu Recht von den Werbeversprechen getäuscht fühlt. Es ist leider keine Seltenheit, wenn sich der Einzug um Monate und Jahre verzögert und/oder am Ende Zuzahlungen von mehreren tausend Euro zu Buche schlagen.

Jetzt aber zum versprochenen *Who's who*: Bei den Anbietern von Schlüsselfertig-Häusern unterscheidet der Verband Privater Bauherren drei Gruppen, und zwar Bauträger, Generalunternehmer und Generalübernehmer. Schauen wir uns kurz deren wesentliche Merkmale an, bevor noch andere Personen die Baustelle betreten.

Ein Bauträger verkauft typischerweise Grund und Objekt aus einer Hand, also immer Grundstück, schlüsselfertigen Neubau beziehungsweise Eigentumswohnung oder sanierten Altbau zusammen, quasi als Komplettpaket. Er übernimmt daher auch sämtliche Arbeiten, von der Planung bis zum schlüsselfertigen Objekt inklusive Einholung aller Genehmigungen und sonstiger Voraussetzungen. Bauträger unterliegen der sogenannten Makler- und Bauträgerverordnung, Bauträgerverträge müssen daher stets notariell beurkundet werden.

Juristisch besonders wichtig ist bei diesem Geschäftsmodell Folgendes: Der Bauträger – und nicht der Käufer! – ist bis zum vollzogenen Verkauf der Bauherr. Der Käufer zahlt zwar von Beginn an gemäß dem vertraglich vereinbarten Zahlungsplan die entsprechenden Raten oder Abschläge, er wird aber erst nach Fertigstellung und vollständiger Bezahlung des Objekts dessen Eigentümer. Die Insolvenz eines Schlüsselfertig-Anbieters ist immer teuer und kompliziert, bei einer Bauträgerinsolvenz kann es aufgrund dieser Eigentümerproblematik aber richtig übel werden. Deshalb rate ich meinen Mandanten in diesem Fall immer: unter keinen Umständen Vorkasse leisten! Denn wenn der Unternehmer in die Insolvenz geht, ist das ganze bereits gezahlte Geld futsch.

Und dass der Bauträger auch offiziell der Bauherr ist, bringt noch mehr mit sich, was es zu bedenken gilt: Da der Bauträger auf seinem eigenen Grundstück baut – im Gegensatz zum Generalübernehmer und Generalunternehmer, die auf dem Grundstück des Kunden bauen –, kann der Bauträger im schlimmsten Fall dem Käufer sogar das Betreten der Baustelle verbieten. Und zwar jederzeit, bis zur offiziellen

Übergabe an den Käufer. Auch der *Bauleiter,* der den Bau de facto betreut und für die Sicherheit der Baustelle verantwortlich ist, steht im Dienst des Schlüsselfertig-Anbieters und nimmt daher vom Käufer keine direkten Anweisungen entgegen. Kommt es tatsächlich zu einem Baustellenverbot, gibt es Wege, diesen Extremfall zu umgehen, aber ohne einen fähigen Anwalt wird das schwierig – denn wenn es erst einmal so weit kommt, muss vorher schon einiges im Argen liegen. Da braucht es Erfahrung und Geschick vom Profi.

Wer dagegen ein eigenes Grundstück besitzt, aber nicht selbst bauen, sondern stattdessen Firmen beauftragen will, der hat als privater Bauherr die Wahl zwischen einem Generalunternehmer (GU) und einem Generalübernehmer (GÜ). Der GU übernimmt meist selbst den Rohbau und vergibt alle weiteren Gewerke an sogenannte Nach- oder Subunternehmer. Er bietet sozusagen alle Leistungen aus einer Hand, während sich der GÜ lediglich als Koordinator versteht, der nicht selbst baut, sondern sämtliche Bau- und Ausbauarbeiten bis zum schlüsselfertigen Objekt vergibt und koordiniert. Übernehmen Generalunter- oder -übernehmer zusätzlich auch noch die Planung des ganzen Bauvorhabens, spricht man auch vom Totalunter- oder -übernehmer – von der Planung bis zur Übergabe umfasst das Angebot dann also auch die Leistung eines Architekten.

Architekt oder Architektin darf sich nur nennen, wer ein Fachstudium absolviert und praktische Erfahrung gesammelt hat. Danach kann er die Mitgliedschaft in der Architektenkammer beantragen und, sofern er zugelassen wird, die geschützte Berufsbezeichnung führen. Die Kammern kontrollieren die Planer und sorgen für deren Fortbildung. (Das wird im Kapitel *Die Architektin ist weg. Einfach weg* noch eine Rolle spielen.)

Freischaffende Architekten – nicht zu verwechseln mit gewerblichen oder angestellten Planern, die oft im Dienst von Behörden oder eben auch besagten Schlüsselfertig-Anbietern stehen – fungieren auch als unabhängige Helfer am Bau. Ebenso beratende Bauingenieure, die in der Regel ein eigenes Büro betreiben, also unabhängig agieren. Als Bauherrenberater begleiten sie den Käufer von Anfang an durchs Baugeschehen. Sie unterstützen ihn bereits bei der Vertragskontrolle und den nötigen Vertragsverhandlungen. Sie übernehmen die laufende Qualitätskontrolle auf der Baustelle und prüfen immer wieder bei Ortsterminen, ob das entstehende Gebäude auch tatsächlich den Vorgaben des Bauvertrags sowie den geltenden Gesetzen und Vorschriften entspricht. Dazu greifen sie mitunter auf die Unterstützung durch Bausachverständige zurück und verfügen im Normalfall über ein Netzwerk von Energieberatern, Statikern und auch Bauanwälten. Aus meiner Praxiserfahrung kann ich privaten Bauherren so einen unabhängigen, externen Bauherrenberater nur wärmstens empfehlen. Hätten sich die in diesem Buch beschriebenen Familien von einem solchen Experten Hilfe geholt, wären die meisten Seiten entweder leer geblieben oder sie handelten von gelungenen Bauverläufen und glücklichen Bauherren. Im letzten Kapitel kommen wir zu so einem Fall, bis dahin müssen wir noch durch ein paar Katastrophen, bei denen ein unabhängiger Baubegleiter gutgetan hätte.

Doch auch hier ist Vorsicht geboten. Man sollte sich die Visitenkarte schon sehr genau ansehen, denn Baubegleiter ist keine geschützte Berufsbezeichnung. Auch auf diesem Sektor gibt es deshalb eine Menge selbsternannter Experten – man könnte auch sagen: »Gelegenheit macht Baubegleiter.«

Oder andere Etiketten. Unübersichtlich wird der Markt nämlich obendrein, weil sich dort inzwischen auch noch Baubetreuer und Projektsteuerer tummeln. Baubetreuer und Projektsteuerer waren früher eher Partner von Großinvestoren, hatten also mit Bauvorhaben zu tun, in die ein normalsterblicher Häuslebauer nie Einblicke erhält. Doch zunehmend umwerben sie heute auch private Bauherren. Ihr Angebot der »schlüsselfertigen Erstellung« eines Wohnhauses klingt verlockend, führt aber meiner Erfahrung nach häufig zu erheblichen Komplikationen. Ursache dafür sind auch hier in erster Linie die Verträge, die Projektsteuerer und Baubetreuer den Bauherren anbieten. Sie bestehen meist aus einer Bauleistungsbeschreibung sowie einem Bauleistungsvertrag, der die verschiedenen Gewerke aufzählt. So weit, so normal. Vertragspartner wird allerdings kein Generalunternehmer, sondern der für das einzelne Gewerk zuständige Handwerker. Der Bauherr bindet sich damit also nicht nur an den Baubetreuer, sondern zusätzlich an eine Vielzahl von Handwerkern, die er nicht einmal selbst ausgesucht hat. Und das macht aus einem verlockenden Angebot schnell ein riskantes Spiel.

So, ich hoffe, das alles hat Sie jetzt nicht komplett verwirrt, aber der kleine Ausflug musste sein. Sonst könnten Sie nicht verstehen, weshalb ich bei Familie Schongeist direkt hellhörig wurde, als ich erfuhr, dass sie für ihr toskanisches Traumhaus bei einem »wirtschaftlichen Baubetreuer« gelandet waren. Nennen wir ihn Herrn Peter Sargnagler. Der hatte in seinem Vertrag viel versprochen, aber nichts davon gehalten. Weder die Bauzeitgarantie noch die Baupreisgarantie, noch die hohe Qualität konnte er den Schongeists liefern.

Das hinderte Sargnagler allerdings nicht daran, sich seine

»wirtschaftliche Baubetreuung« teuer bezahlen zu lassen. Die finanzstarken Schongeists glaubten ihm und bezahlten pünktlich, sie sahen bis zu diesem Zeitpunkt keinen Grund, ihm nicht zu vertrauen. Leider merkten sie erst zu spät, dass er alles konnte, nur keinen Hausbau betreuen. Und die Quittung für den absolut unüberlegt unterschriebenen Bauvertrag ließ nicht lange auf sich warten.

Das Haus sollte auf einem Eckgrundstück errichtet werden, mit Blick auf den nahe gelegenen Rhein, direkt am Rande eines Naturschutzgebietes. An diesem Ort ein schönes Haus zu bauen war natürlich erst einmal eine verlockende Vorstellung, doch bereits beim ersten Spatenstich zeigte sich, dass es die Baustelle in sich hatte. Beim Ausgraben der Baugrube stieß das Tiefbauunternehmen auf Grundwasser, auf *sehr viel* Grundwasser. Ein Bodengutachten hätte in diesem Fall viel geholfen! Es gibt Auskunft über die Tragfähigkeit des Bodens und dient als Grundlage für die Planungsarbeiten von Architekten, Statikern oder Bauingenieuren. Spätestens hier wäre das viele Grundwasser als Problem aufgefallen. Doch so ein Gutachten hätte Sargnagler bei einer Preisgarantie wahrscheinlich nur die Gewinnmarge verringert. Und das sollte sich bitter rächen.

Hätte er nämlich ein solches Gutachten bei einem entsprechenden Bauingenieur oder Geologen in Auftrag gegeben, hätte ihm schon vor Baubeginn klar sein müssen, dass der Keller auf diesem Grundstück unbedingt als sogenannte Weiße Wanne hätte gebaut werden müssen. So werden wasserundurchlässige, meist aus speziellem Beton hergestellte Bauwerke genannt, bei denen Bodenplatte und Außenwände als geschlossene Wanne gebaut werden – im Gegensatz zu einer Schwarzen Wanne: Hier wird nach dem normalen Bau an den abzudichtenden Gebäudeteilen auf den

Außenseiten eine Dichtungsschicht aus (schwarzem) Bitumen oder Kunststoff aufgetragen.

Damit so eine Weiße Wanne auch wirklich dicht ist, benötigt es beim Einbau und der Verdichtung des Betons große Sorgfalt. Außerdem muss während der Bauphase die Wasserhaltung gewährleistet sein, also das Freihalten der Baugrube von Grund-, Gruben- und sonstigem Wasser.

Sargnagler entschied sich für eine Schwarze Wanne. Wahrscheinlich aus Kostengründen. Es spricht zumindest viel dafür, denn auch ohne Gutachten hätte ein guter Baubegleiter die Erfordernis einer Weißen Wanne erkennen müssen, vielleicht hatte er die Situation aber auch einfach nur unterschätzt. Das änderte aber leider nichts daran, dass dem vielen Grundwasser nur eine Weiße Wanne gewachsen gewesen wäre. Dass der gebaute Keller nicht dicht war, dass er bei der gegebenen Bodenbeschaffenheit gar nicht dicht sein und trocken bleiben *konnte,* stellte sich für die Schongeists allerdings erst nach ihrem Einzug heraus. Das Ergebnis: Waterloo statt Toskana.

Während der ersten Bauphase merkten die Schongeists von der tickenden Wasserbombe natürlich noch nichts. Unabhängig davon gab es allerdings andere Anzeichen, die ihnen etwas komisch vorkamen. Die Bodenplatte war gerade gegossen, der Keller noch im Aufbau, da verabschiedete sich Baubetreuer Sargnagler in den Urlaub. Er sagte, dass die Handwerker ja wüssten, was sie zu tun hätten, und dass er wiederkäme, wenn es im Erdgeschoss weiterging. Na ja, dachten sich die Schongeists, irgendwann muss auch ein Baubetreuer mal Urlaub machen. Aber es war nicht zu leugnen: Kaum saß Sargnagler im Flieger, ging es auf der Baustelle nur noch schleppend voran. Und nicht nur das: Viel später erfuhren die Bauherren von dem gerichtlich bestellten Sachverständigen, dass gerade in dieser Bauphase eine Kontrolle der Baumaßnahmen besonders wichtig ist, weil dann sehr viele Fehler gemacht werden.

Doch auch nach Sargnaglers Urlaub gab es viele Pausen auf der Baustelle, und als der Rohbau endlich stand, entdeckten die Bauherren viele Mängel und Abweichungen von den ursprünglichen Plänen.

Bei einem Schlüsselfertig-Anbieter hat der Auftraggeber aber nun einmal keine direkte Weisungsbefugnis auf der Baustelle. Und so wurden die zunehmend misstrauischen Schongeists immer wieder vertröstet und weggeschickt. Der Bauleiter verwies sie an den Baubegleiter, der Baubegleiter wiegelte ab. Irgendwann hatten die Schongeists die Faxen dicke. Das war der Zeitpunkt, als sie in meine Kanzlei kamen.

Ich empfahl den Schongeists umgehend einen Sachverständigen zur Feststellung des Bautenstandes und der vermuteten Mängel. Dieser Sachverständige machte aus den vielen schlimmen Befürchtungen der Schongeists dann auch schnell traurige Gewissheit. Die Mängel waren immens, vieles musste zurückgebaut werden. Es standen erhebliche Mehrkosten an, und da war die Wasserkatastrophe im Keller noch gar nicht abzusehen.

Wir gingen die üblichen Wege, um den Unternehmer zur Mängelbeseitigung aufzufordern, Sie kennen das inzwischen: Einschreiben, Fristen setzen und so weiter. Die Arbeiten wurden zwar fertiggestellt, die Kosten für die Beseitigung der Mängel wurden vom Baubetreuer trotz seiner Baupreisgarantie aber nicht übernommen. Sargnagler wollte die Schongeists, die diese bezahlt hatten, darauf sitzenlassen. Ich verschickte also wieder Aufforderungen und setzte Fristen. Doch diesmal verstrich die Frist. Erst auf Nachfrage kam die pampige Antwort von Sargnagler: »Verklagen Sie mich doch, ich weiß mir zu helfen.«

So salopp uns Sargnagler auch davon abhalten wollte, wir mussten klagen. Immerhin ging es um 60 000 Euro. Also reichten wir eine Klage auf Schadensersatz ein. Die Klage haben wir zwar gewonnen, ich konnte für Familie Schongeist die 60 000 Euro in voller Höhe erstreiten. Doch der Sieg war genauso theoretisch wie die Leistungsversprechen in Sargnaglers Schlüsselfertig-Vertrag oder die technische Definition einer Weißen Wanne.

Drei Wochen nachdem das Urteil vorlag, meldete Sargnagler Insolvenz an. Das war es also, was er mit »Ich weiß mir zu helfen!« gemeint hatte. Von den 60 000 Euro hat Familie Schongeist jedenfalls nie wieder etwas gesehen. Schlimmer noch: Sie mussten auch noch die Kosten für das Gerichtsverfahren übernehmen. Ja, richtig gelesen. Da sich der Staat bei den Kosten, die so ein Verfahren verursacht, immer schadlos hält, waren es am Ende die Schongeists, die für die Gerichts- und Sachverständigenkosten aufkommen mussten. Weil bei Sargnagler rein gar nichts mehr zu holen war. Im Juristendeutsch hieß das: Der verklagte Baubegleiter wurde dazu verurteilt, Gerichts- und Anwaltskosten zu zahlen, »dieser Titel war für die Bauherren wegen der Insolvenz aber nicht durchsetzbar«. Ganz egal, wie man es auch formuliert: Die Schongeists hatten gewonnen und doch verloren. Man könnte auch sagen: Sie bekamen recht und die Rechnung gleich mit dazu.

Nun war der ganze Traum vom Toskanahaus am Rhein zwar ein finanzielles Desaster, nach all dem Ärger mit Sargnagler, den Mängeln am Bau und den Kosten, die aus dem Ruder gelaufen waren, konnten die Schongeists aber doch noch einziehen. Bis dahin war es ein langer, anstrengender

Kampf gewesen, der vor allem bei den Eheleuten tiefe Spuren hinterlassen hatte. Im Laufe des Hausbaus kippte auch unter ihnen immer häufiger und anhaltender die Stimmung. Es kam zu Meinungsverschiedenheiten, es kam zu offenem Streit. Und schließlich zu immer mehr Schweigen.

Als der Ärger mit Sargnagler in vollem Gang war, saßen die Schongeists fast täglich in meiner Kanzlei, mal gemeinsam, mal alleine, und meine Aufgabe war es immer öfter, sie nicht nur juristisch, sondern auch psychologisch zu unterstützen, soweit ich das konnte. Ein Paartherapeut hätte ihnen ab einem gewissen Punkt sicher mehr helfen können. Ob er ihre Ehe hätte retten können, wer weiß.

Bei den Schongeists war es zu einer schleichenden Trennung gekommen. Er arbeitete den ganzen Tag bei seiner Bank und ging abends noch auf die Baustelle. Sie kümmerte sich tagsüber um die Kinder, die Baustelle sowie ihren Beruf als Fotografin und kam durch die Dauerbelastung irgendwann an ihre Grenzen. Es fanden keine gemeinsamen Gespräche mehr statt, stattdessen kam es zu immer mehr Vorhaltungen, Vorwürfen, Beschuldigungen. Die einstige Vorzeigefamilie gab es irgendwann nicht mehr, und man muss leider festhalten: Es war der Hausbau, der sie immer weiter auseinandergetrieben hatte. Nicht nur, versteht sich, aber als entscheidender Auslöser. Die Belastung stellte sich als zu groß heraus.

Das Glück, sofern es im neuen Haus jemals bestanden haben sollte, dauerte jedenfalls nicht lange. Ehepaar Schongeist trennte sich bereits kurz nach dem Einzug. Die Beziehung hatte den Baukrisen nicht standgehalten, und die beiden hatten keine Reserven mehr, um nach dem ganzen Baustellenärger wieder zueinanderzufinden. Erst zog sie mit den Kindern aus, später dann auch er. Und noch später wurde das Haus schließlich verkauft. Das schöne Eigenheim sollte eigentlich das i-Tüpfelchen setzen. Und setzte stattdessen den Schlusspunkt.

Eben noch der Beweis dafür, dass man Erfolg im Beruf und ein glückliches Familienleben unter einen Hut bringen kann, und dann am Hausbau zerbrochen? So etwas geht natürlich nicht in Sekundenbruchteilen. Es ist ein Prozess, der sich langsam entwickelt. Ein Hausbau ist ein großes Projekt, das auch eine Beziehung auf den Prüfstand stellt. Wenn es dann auf der Baustelle zu Komplikationen oder gar schwerwiegenden Problemen kommt, dann fällt es schwer, diese Sorgen abends einfach aus den Klamotten zu schütteln. Man nimmt sie im wahrsten Sinne des Wortes »mit nach Hause«. Und wenn der Familienalltag ganz normal weiterlaufen soll oder muss, kommt es unausweichlich zu Extremsituationen mit teilweise enormer Anspannung. Damit geht jeder Mensch auf seine Art um, egal, wie eingespielt man als Paar oder Familie auch sein mag. Sich hier zu verstellen oder etwas dauerhaft zu überspielen, ist quasi unmöglich. Und bei den Schongeists deckten diese Extremsituationen auf, dass beide komplett unterschiedlich mit dem Traum, der zu platzen drohte, umgingen. So sehr sogar, dass sie sich weiter voneinander entfernten, als es für ihre Beziehung tragbar war. Hätte man vorab gefragt, sie hätten es wahrscheinlich selbst am wenigsten für möglich gehalten.

Das eigene Haus ist eine sehr persönliche Sache, die den wahren Charakter des Lebenspartners zutage fördern und jeden an seine persönlichen Grenzen bringen kann. Deshalb ist es neben einer soliden Finanzierung, einem guten Bauvertrag und einer kompetenten Baubegleitung auch wichtig, wie das Paar mit Stress fertig werden kann, sowohl jeder für sich als auch gemeinsam. Und Stress verursacht ein Hausbau natürlich immer. »Baustellen-Burn-outs« sind alles andere als selten und kein Modephänomen, das schnell wieder vergeht.

Dass ein Haus nicht immer glücklich oder auch nur ein bisschen glücklicher macht, sondern öfter, als viele vermuten, sogar das Gegenteil bewirkt, verdrängen die meisten Bauherren. Klar, sie haben eine ganz eigene Sicht der Dinge. Und mit dem (schlüssel)fertigen Haus ist für sie so viel Hoffnung und Sehnsucht verbunden, da bleibt oft kein Platz für kritisches Hinterfragen. Später ändert sich das dann oft. Immer häufiger höre ich desillusionierte Baufamilien sagen: »Wenn wir das vorher gewusst hätten, hätten wir niemals gebaut.« Das kann kein Zufall sein. Und das kommt auch nicht von ungefähr.

Meine Aufgabe ist deshalb nicht nur die juristische Beratung, sondern auch ein gutes Stück Coaching, wie es auf Neudeutsch heißt. Worum es mir dabei geht? Die Bauherren sollen sich ihrer Situation bewusst sein, Experten in eigener Sache werden und dann gelassen und selbstbewusst das Lebensprojekt Hausbau beginnen. Das wäre der Optimalfall.

Ich habe in diesem Kapitel aber ganz bewusst auch ein paar Baubegriffe etwas näher erläutert. Das mag Ihnen beim Lesen vielleicht etwas theoretisch vorgekommen sein – aber gerade der Gegensatz zu dem emotionalen Dilemma, aus dem die Schongeists wegen all der Bausorgen am Ende nicht mehr herauskamen, sollte eines besonders deutlich machen: Es geht beim Bauen zwar um viel mehr als schlüsselfertige Häuser, Weiße oder Schwarze Wannen, Sachverständige und wirtschaftliche Baubetreuer. All diese Fachbegriffe sind aber untrennbar mit unseren Wünschen und Vorstellungen beim Hausbau verbunden, gerade das macht es so wichtig, sie bei allem Träumen nicht leichtfertig beiseitezuwischen.

Dabei ist es alles andere als eine Schande oder ein Zeichen von Schwäche, wenn man sich kompetente Berater ins Boot holt. Im Gegenteil, das sind genau die Bauherren, die von sich selbst behaupten können: »Ich weiß mir zu helfen!« Nur eben viel konstruktiver als ein Sargnagler.

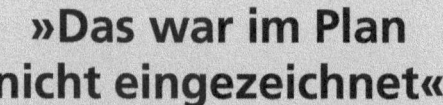

»Das war im Plan nicht eingezeichnet«

Wenn aus Kleingedrucktem große menschliche Tragödien entstehen

Als Frau Schmidt das erste Mal vor mir stand – wir befanden uns in der Adventszeit 2011 –, dauerte es nur wenige Augenblicke und sie weinte wie ein Schlosshund. Und das aus mehreren guten Gründen: Sie hatte seit einiger Zeit großen Stress mit einer Baufirma, ihr Mann hatte sie wegen des ganzen Bauärgers vor kurzem verlassen, und nun lebte sie mit ihrer Mutter, ihrem an Demenz erkrankten Vater und ihren beiden Kindern in einem halbfertigen Haus, es konnte so nicht mehr weitergehen.

Ich versuchte, beruhigend auf sie einzuwirken, reichte ihr ein Taschentuch und bat sie, mir ihre Geschichte ganz in Ruhe und von vorne zu erzählen. Langsam erlangte sie die Fassung wieder und entschuldigte sich für ihren Gefühlsausbruch.

»Sie müssen sich nicht entschuldigen, Frau Schmidt. Erzählen Sie mir lieber, wie es zu der Situation kommen konnte. Am besten ganz von vorne. Wie und wann ging es denn los mit ihrem Hausbau?«

Und dann holte Frau Schmidt noch einmal tief Luft und fing mit ihrer Geschichte an – und mit dieser begann eine der größten menschlichen Tragödien meiner Karriere.

Dabei war zunächst alles perfekt verlaufen. Die Schmidts, die bisher immer zur Miete gewohnt hatten, wollten endlich ihre eigenen vier Wände. Sie hatten sich für ein Fertighaus mit viel Platz für die Großfamilie entschieden, denn neben dem Ehepaar, beide Ende vierzig, und den beiden Töchtern von sieben und sechzehn Jahren sollten auch noch Frau Schmidts Eltern mit einziehen. Da der Großvater bereits erkrankt war, wurde das gemeinsame Haus von Anfang an rollstuhlgerecht geplant.

Es schien, als wäre an alles gedacht: Die Finanzierung war geregelt, der Baubeginn erfolgte pünktlich, die Vorfreude der Schmidts wurde immer größer, sogar der Einzugstermin stand bereits fest. Im Dezember sollte es so weit sein. Im Dezember 2010, wohlgemerkt.

Denn wegen eines Planungsfehlers – das Haus saß einen halben Meter tiefer, als es sein sollte – konnten die Abwasserleitungen nicht angeschlossen werden. Bei Regen lief nun das ganze Wasser in den Keller. Frau Schmidt zeigte mir Fotos, auf denen man sehen konnte, wie auf der gesamten Grundfläche von 120 Quadratmetern das Wasser fast einen halben Meter hoch stand. Der geplante Einzugstermin musste nicht nur fürs Erste verschoben werden, der Schaden war so gravierend, dass zunächst einmal gar nicht absehbar war, ob er überhaupt noch stattfinden würde. Denn innerhalb kürzester Zeit verhärteten sich die Fronten mit der Baufirma.

Für die Schmidts war ihre Baustelle nicht nach und nach zum immer größeren Problem angewachsen, für sie platzte mit der Nachricht, dass ihr ganzes Haus zu tief saß, quasi eine Bombe. Und die Auswirkungen waren verheerend: Erst elf Monate nach dem geplanten Einzugstermin konnten die Schmidts in das halbfertige Haus einziehen. Aber was heißt konnten, sie *mussten*. Denn ihre Finanzierung war genauso aufgebraucht wie das darüber hinaus Ersparte.

Für den schlimmsten Fall waren sie dann doch nicht gut genug vorbereitet, das Haus war einfach eine Nummer zu groß. Bei ihrer finanziellen Ausstattung hätte kein Mangel in dieser Größenordnung entstehen dürfen. Aber der war nun eingetreten und ließ sich nicht so schnell aus der Welt schaffen. Vor allem auch, weil sich die Baufirma querstellte. Doch zu der kommen wir gleich noch. Was bedeutete der Super-GAU für die Schmidts? Sie mussten über den kompletten Zeitraum sowohl den Kredit bedienen als auch die Miete zahlen. Als die Schmidts dann irgendwann die Miete für das alte Haus nicht mehr zahlen konnten, wurde ihnen vom Vermieter eine Räumungsklage zugestellt. Als wäre das nicht schon schlimm genug, verursachte es auch noch weitere Kosten, die nicht eingeplant waren.

Die Schmidts hatten keine andere Wahl mehr: Sie mussten in eine Baustelle einziehen, auf den rohen Estrich, mit feuchtem Keller. Von Barrierefreiheit für den Vater konnte natürlich keine Rede sein, im Gegenteil, der konnte ohne Hilfe nun überhaupt keinen Schritt mehr machen, im Haus nicht und vor das Haus schon gar nicht. Statt in einem neuen Zuhause für die ganze Familie saßen die Schmidts quasi in einem halbfertigen Gefängnis, aus dem sie sich wahrscheinlich nicht mehr freikaufen konnten.

Nicht zuletzt auch, weil im Zuge der Scherereien mit der Baufirma auch die Ehe der Schmidts zu Bruch gegangen war. Die wachsenden Geldsorgen, die psychische Belastung, der pflegebedürftige Großvater – es kam zu immer größeren Meinungsverschiedenheiten und zu immer mehr Streit. Ihrem Mann wurde es irgendwann zu viel, er ließ sie – man muss es so deutlich sagen – schlussendlich mit allen Sorgen alleine sitzen. Für die gemeinsamen Töchter war die Trennung natürlich schlimm genug, aber da die Großmutter mit der Pflege ihres Mannes unter den unsäglichen Umständen zunehmend überlastet war, drohte sich Frau Schmidt zwischen allen Fronten komplett aufzureiben. Sie kämpfte überall und hatte gleichzeitig das Gefühl, nichts zu schaffen. Es gab in diesem Fall eigentlich nur Verlierer, aber Frau Schmidt trug von allen am schwersten.

Wenn im Zuge eines Hausbaus eine Beziehung in Schwierigkeiten gerät, ist es nicht einfach, verbindliche Aussagen über die wahren Ursachen zu treffen. Als Baufachanwältin werde ich ja auch nicht beauftragt, Eheprobleme zu lösen, sondern in erster Linie Probleme auf der Baustelle – auch wenn es da immer wieder erstaunliche Parallelen gibt. Über die Ursachen im Fall Schmidt möchte ich also nicht spekulieren, aber der Hauptauslöser für die Tragödie war in meinen Augen eindeutig die Baufirma. Genauer gesagt: die unglaubliche Skrupellosigkeit, mit der die Firma bis zum Schluss agieren sollte. Und darüber hinaus.

Der Vertragspartner der Schmidts war keine Wald-und-Wiesen-Klitsche, sondern einer der größten deutschen Fertighausanbieter, der damals noch unter einem anderen Namen firmierte als heute. Das Problem, das auch unter neuer Flagge vermutlich nicht behoben wurde, ist dasselbe wie im Fall Schmidt: Im Vertrieb dieser Firma arbeiten viele schlecht ausgebildete Mitarbeiter, die der Provision wegen jedem, aber auch wirklich jedem Bauherrn ein Haus andrehen. Oder besser gesagt: andrehen *müssen*. Wahrscheinlich stehen die Vertriebler unter einem solchen Druck, dass es ihnen vollkommen egal ist, ob ein potenzieller Bauherr genug Geld, ein Grundstück oder das nötige Durchhaltevermögen hat. Wichtig ist nur die nächste Unterschrift. Natürlich kommt der Druck am Ende von der Firmenleitung, und die wird sich stets auf den Markt berufen (nach dem Motto »Wenn wir es nicht machen, macht es eben ein anderer«) – aber es wäre zu einfach, würde man Geschäftsführer oder Vertriebler damit freisprechen wollen. Das geht nicht, das wäre zu billig. Denn alle Personen, ob nun direkt handelnd oder theoretisch verantwortlich, könnten auch anders.

Wollen sie aber nicht. Das würde sie nur unnötig Zeit kosten. Deshalb befassen sie sich weitestgehend auch nicht mit der konkreten Lebenssituation der einzelnen Bauherren. Selbst die harten Fakten, die für eine solide Finanzierung ausschlaggebend sind – also Einkommen, Rücklagen, Bonität und so weiter –, werden nur auf absolute Mindeststandards überprüft. Dafür versprechen sie im Gegenzug »goldene Wasserhähne« und machen sich nach der Unterzeichnung des Vertrages und dem Erhalt der Provision aus dem Staub. Sie meinen, das wäre ein Klischee? Sie meinen, das wären doch nur Ausnahmen? Leider nein, alles schon zuhauf erlebt.

Wie so oft bei meinen Mandanten hatten aber auch die Schmidts typische Fehler begangen. Sie hatten den Bauvertrag nicht kritisch prüfen lassen, die Bauzeit nicht ordentlich geregelt, zu früh zu viel gezahlt und vor allem: sie hatten vorab nicht genau geprüft, ob sie sich ein Haus überhaupt finanziell leisten konnten, zumindest in dieser Größe. Und was sich nun schon seit fast einem Jahr am meisten rächte, war ihre falsche Reaktion beim Auftreten der Mängel: Sie hatten keinen Sachverständigen zu Rate gezogen, keine Fristen gesetzt und dann auch noch vorschnell gekündigt. Die Liste ist wahrscheinlich noch nicht einmal vollständig, aber auch so schon lang genug. Ihre Verhandlungsposition war jedenfalls fast so schlecht wie ihre persönliche Lage. Hilfe war dringend nötig, aber nicht so einfach zu realisieren.

Ich machte mich also wieder einmal auf die Suche nach einem Hebel, und sei er auch noch so klein. Wie sich schon bald herausstellte, waren die Schmidts einem Missverständnis aufgesessen, das im Rückblick beinahe lächerlich wirkt. Ein Profi hätte sie innerhalb von Sekunden aufklären können und ihnen damit noch vor der Vertragsunterschrift viel, wenn nicht sogar den ganzen Ärger erspart. Ähnlich wie bei »schlüsselfertig« drehte es sich auch hier um ein kleines, aber entscheidendes Wort.

»Bauseits ... was heißt das eigentlich, Frau Reibold-Rolinger?«, fragte mich Frau Schmidt, als wir uns bei einem zweiten Termin gemeinsam ihren Bauvertrag ansahen.

Für jemanden, der sich seit zwei Jahrzehnten mit Bau- und Architektenrecht beschäftigt, sind solche Fragen immer wieder augenöffnend. Ja, richtig gelesen. Baurecht kann sehr kompliziert sein. Gerade wenn es vor Gericht geht, kommt es oft darauf an, dass man als Anwalt fachlich auf der Höhe ist. Die Kombination aus Erfahrung und Fortbildung ist dabei eindeutig ein Vorteil. Wenn mich nun eine Mandantin wie Frau Schmidt nach der Bedeutung eines vermeintlich so einfachen Wortes wie »bauseits« fragt, über das unsereins nicht einmal mehr nachdenkt, dann merke ich immer wieder, wie weit sich die Fachsprache vom Normalbürger entfernt hat. Ob man nun etwas falsch oder gar nicht versteht, läuft oft auf dasselbe hinaus.

Allerdings lässt sich dieses Rad nun einmal schwer zurückdrehen. Für meine Mandanten versuche ich deshalb das Juristendeutsch immer so weit herunterzubrechen, bis ich mir sicher bin, dass sie es verstanden haben. Das ist eine ganz pragmatische Form von Verbraucherschutz und -aufklärung im konkreten Fall, und genau dafür sind Bauanwältinnen wie ich ja auch da. Das kann ich aber natürlich immer nur bei meinen Mandanten machen, also bei Menschen, die mit ihren Fragen zu mir kommen. Wenn private Bauherren bei Fragen und Unklarheiten keinen Experten zu Rate ziehen, dann geht das Gesetz davon aus, dass sie auch ohne Beratung verstanden haben, was sie da unterschreiben.

Und genau an dieser Stelle treffen dann häufig zwei, ich nenne es mal: Sichtweisen aufeinander, die für 99 Prozent aller Fälle in meiner Kanzlei verantwortlich sind. Leichtsinn auf der einen Seite und Kaltschnäuzigkeit auf der anderen. Je nach Ausprägung lässt sich das natürlich auch anders ausdrücken.

Als mich Frau Schmidt nun also fragte, was denn eigentlich »bauseits« bedeute, ahnte ich, dass von ihrer Seite eine gute Portion Blauäugigkeit zur Situation beigetragen hatte, in der sie nun steckte. Dass daraus ein Drama wurde, wäre ohne die knallharte Skrupellosigkeit auf der anderen Seite allerdings undenkbar gewesen.

Ich erlebe es am laufenden Band, dass privaten Bauherren derart intransparente Verträge zur Unterschrift vorgelegt werden, dass es an Böswilligkeit oder zumindest Fahrlässigkeit grenzt, sie nicht darüber aufzuklären. Gerade der große Fertighaushersteller, bei dem auch die Schmidts unterschrieben hatten, tut sich in dieser Disziplin immer wieder besonders hervor.

Erst wenige Wochen bevor Frau Schmidt zum ersten Mal vor meiner Tür stand, bekam ich einen Anruf von einer Bauherrin, die mit derselben Firma einen Vertrag abgeschlossen hatte. Wie sich herausstellte, war sie in einem Musterhauspark zur Unterschrift überredet worden. Man hatte ihr gesagt, sie könne jederzeit aus dem Vertrag wieder heraus. Sie witterte keine Gefahr und unterzeichnete einen Bauvertrag, obwohl sie noch gar kein Grundstück hatte. Das war natürlich viel zu leichtfertig von ihr. Denn so einfach, wie sie sich das gedacht hatte, konnte sie aus dem Vertrag eben nicht raus: Für die Aufhebung verlangte die Firma satte 20 000 Euro. Das stünde doch so im Kleingedruckten, das hätte sie doch unterschrieben. Das wären nun einmal die Geschäftsbestimmungen, da könnte man keine Kulanz zeigen. Was für eine Frechheit! Und das Traurigste daran ist: Es gibt Bauherren, die diese Summen tatsächlich zahlen und das Ganze dann als »Lehrgeld« abschreiben. Sonst würden die Firmen solche wahnsinnigen Summen doch gar nicht in ihre Vordrucke schreiben. Jedes Mal, wenn ich von so einem Fall erfahre, könnte ich platzen.

Wenn man sein Recht kennt oder weiß, wer sich damit auskennt, kann man sich solche Unverschämtheiten (und vielen weiteren Ärger) ersparen. Der Anruferin konnte ich jedenfalls relativ schnell helfen, denn viele Klauseln im Vertrag dieser Firma waren schlicht unwirksam. (Und wahrscheinlich verwenden sie diese trotzdem bis heute.) Bei einer unwirksamen Klausel gibt es aber keine Zahlungspflicht. Das musste auch der Fertighausriese einsehen und entließ die Frau schließlich ohne Zahlung der 20 000 Euro aus dem Vertrag.

Leider ist mir das bei Frau Schmidt nicht so leicht gelungen. Wir gingen ihren Vertrag durch und strichen das Wort »bauseits« rot an. Es gibt Vertragsentwürfe, in denen es zehn- oder sogar zwanzigmal vorkommt. Und genau so einen schlimmen Fall hatten wir hier. Wenn eine Leistung bauseits zu erbringen ist, dann bedeutet das nicht, dass der Bauunternehmer die Leistung schuldet, sondern der Bauherr! Je öfter das Wort in einem Vertrag auftaucht – zumal bei einem Fertighausanbieter –, desto hellhöriger muss man sein. Denn auf diese Weise können Baufirmen versuchen, Vorleistungspflichten im Kleingedruckten zu verstecken, um sich später leichter aus der Affäre ziehen zu können.

Wenn zum Beispiel der Anschluss des Hauses an das Kanalnetz bauseits zu stellen ist, bedeutet das, dass der Bauherr dafür zuständig ist, dass die Wasser- und Abwasserleitungen, Strom und weitere Anschlüsse vom Haus zur Straße geführt werden. Das bedeutet, einen zusätzlichen Unternehmer (meist einen Gartenbauer) mit der Anbindung des Hauses an die Versorger zu beauftragen.

Bei der Fertighausfirma der Schmidts habe ich schon die unterschiedlichsten Kombinationen aus bauseits zu erbringenden Leistungen in den Verträgen gelesen. Oft wird zum Beispiel auch die Errichtung der Bodenplatte gefordert. Ich erinnere mich an Bauherren, die die Bodenplatte ungenau hatten errichten lassen. Die Platte war zehn Zentimeter zu groß, weshalb das Fertighaus nicht geliefert werden konnte. Kurz darauf versuchte die Firma dann sogar, Schadensersatzansprüche gegen die Bauherren geltend zu machen.

Bauseits wird auch oft Bauwasser und Baustrom gefordert. Das sind in Wirklichkeit typische Bauunternehmerleistungen, die der Einfachheit halber von den Bauherren gefordert werden, ohne sie auf die Pflichten und Risiken hinzuweisen. Oft werden diese Fallstricke ganz bewusst gelegt, um Mehrkosten zu generieren, damit der Profit sich noch mehr vergrößert. »Wir können das gerne für Sie übernehmen, aber das kostet dann halt extra.«

Und im Zweifel ist dieses Vorgehen natürlich immer auch praktisch, um von eigenen Fehlern ablenken und irgendjemand anderem ein Problem in die Schuhe schieben zu können. Aber egal, wie viel Böswilligkeit im Spiel sein mag: Dabei entstehen nicht nur Kosten, sondern meistens auch Abstimmungsprobleme. Wie bei den Schmidts.

Die Folgen habe ich eingangs bereits kurz erwähnt: Der Planer der Fertighausfirma hatte sich offenbar keinerlei Gedanken über die Kanalhöhen gemacht, der Bauleiter und seine Arbeiter hielten sich stur an den Plan, es wurde also ohne Rücksicht auf die Grundstücksgegebenheiten gebaut. Als später festgestellt wurde, dass das ganze Haus einen halben Meter zu tief für die Anschlüsse saß, sagte man Frau Schmidt einfach nur, dass alles richtig gebaut worden war und die Anschlüsse ja bauseits von Frau Schmidt zu leisten gewesen wären. Man schob den Schwarzen Peter rüber und stellte auf stur. »Das war im Plan nicht eingezeichnet«, hieß es immer wieder – alles andere interessierte sie nicht weiter. Auf der Baustelle rührte sich derweil natürlich erst einmal nichts mehr.

Frau Schmidt wollte mit der Geschäftsleitung reden. Doch sie wurde wochenlang immer wieder mit derselben Leier abgespeist: »Das prüft unsere Fachabteilung. Wir haben keine Fehler gemacht. Es gibt keine Planungsfehler, der Anschluss des Hauses an die Kanalisation war nicht vom Bauvertrag umfasst, das war bauseits zu leisten.« Frau Schmidt kam einfach nicht mehr weiter, war wie gelähmt.

Als wären der nasse Keller und die private Situation nach der Trennung von ihrem Mann nicht schon zum Verzweifeln gewesen, zeigte die Fertighausfirma nun ihr wahres Gesicht: Sie schickten eine Zahlungsaufforderung über 43 000 Euro, verbunden mit der Ankündigung einer Schadenersatzklage. Erst jetzt wandte sie sich an mich.

Nachdem wir den Vertrag und die aktuelle Situation gemeinsam erörtert hatten, empfahl ich ihr einen Sachverständigen, der sich das Haus genauer anschauen sollte. Zum Glück ging das sehr schnell, den Termin mit dem Sachverständigen hatte sie schon am nächsten Tag. Und das

Ergebnis war ermutigend: Die Mängel bestätigten sich, und der Sachverständige kam in seinem Gutachten zu dem eindeutigen Schluss: Es lag ein Planungsfehler der Baufirma vor!

Wir setzten der Baufirma daraufhin eine Frist zur Mängelbeseitigung und hofften auf Einsicht und ein möglichst rasches Einlenken. Stattdessen erhielt Frau Schmidt ein typisches Standardschreiben: »Wir bedauern es sehr, dass Sie Anlass dazu sehen, unsere Leistung zu beanstanden. Selbstverständlich sind auch wir an einer zügigen Klärung interessiert. Die zuständige Stelle haben wir bereits informiert. Wir werden den Sachverhalt prüfen.« Das war im Januar 2012, also dreizehn Monate nach dem ursprünglich geplanten Einzugstermin.

Zwei Monate später hatte Frau Schmidt noch immer keine Rückmeldung erhalten. Sie wandte sich wieder verzweifelt an mich und teilte mir gleichzeitig mit, dass ihre Tochter schwer erkrankt sei und in einer Fachklinik behandelt werden müsse. Auch das noch. Der Teufel scheißt wirklich immer auf den größten Haufen.

Umgehend schrieb ich den Fertighausanbieter erneut an, um noch einmal Druck zu machen, wieder ohne eine Antwort zu erhalten. Es zog sich. Und roch nach Hinhaltetaktik.

In der Zwischenzeit redete ich immer wieder lange mit Frau Schmidt, auch wenn keine akuten juristischen Fragen zu klären waren. Sie wirkte zunehmend kraftlos. Mehr als ein bisschen Zuspruch konnte ich ihr leider nicht bieten, sie brauchte schon längst professionelle psychologische Unterstützung. Doch ich hatte die Hoffnung, ihr zumindest ein bisschen Zuversicht geben zu können, die sie nach dem Rückschlag mit ihrer Tochter so dringend nötig hatte.

Nach einem längeren Gespräch schrieb sie mir irgendwann eine Nachricht: »Liebe Frau Reibold-Rolinger, vielen Dank für Ihre Unterstützung. Ich möchte nichts herausschinden. Ich möchte eine den Kosten entsprechende Leistung, ohne für dumm verkauft zu werden. Wir haben so viel Hoffnung mit diesem Haus verbunden, für meine Eltern, für meine Kinder, für mich. Wir wollten einen Zufluchtsort, ein Refugium für uns schaffen und zuversichtlich in ein neues Leben starten. Wir schauen nach vorne – in der Zukunft spielt die Musik.«

Ich hielt diese Nachricht für einen lieben Dank und ahnte noch nicht, dass es wohl eher ein Hilferuf war. Bis heute frage ich mich, ob ich das damals hätte erkennen können oder vielleicht sogar müssen.

Anstatt auf das Schreiben von Frau Schmidt oder auch auf mein Schreiben zu antworten, schickte die Beitreibungsabteilung der Fertighausfirma unaufhörlich Mahnungen an die Bauherrin. Unverändert verlangte die Firma 43 000 Euro. Wir legten Widerspruch ein und versuchten erneut, Kontakt mit der Firma aufzunehmen. Doch ich bekam noch nicht mal eine Eingangsbestätigung. Von einer Antwort ganz zu schweigen.

Die Fertighausfirma war also weiterhin nicht bereit, mit uns zu sprechen, auch das Gutachten des Sachverständigen ließ sie kalt. Stattdessen ließ sie nun die Muskeln spielen: Im Mai 2012 wurde schließlich die Klage zugestellt.

Für Frau Schmidt war das ein weiterer Schock. Die Anspruchsbegründung zeichnete das Bild einer Bauherrin, die schlicht und ergreifend nicht zahlen wollte, obwohl die Bauleistung vollkommen fehlerfrei war. Die geforderten Beträge von 43 000 Euro seien von daher berechtigt, argumentierte der Kläger. Das war inhaltlich nicht neu, zeigte aber Wirkung: Die Aussicht auf ein Gerichtsverfahren verursachte bei

Frau Schmidt zusätzliche Angst. Falls das überhaupt noch möglich war.

Meine Aufgabe war es nun, uns so gut wie möglich gegen den Angriff zu wappnen. In Vorbereitung der Klageerwiderung las ich deshalb auch all die E-Mails und Briefe, die Frau Schmidt seit den ersten Problemen an die Fertigbaufirma geschrieben hatte. Sie stellte mir einen dicken Ordner mit ihren Originalunterlagen zur Verfügung. Seit 2010 war einiges an Korrespondenz angefallen. Die wichtigen Stellen hatte sie selbst mit einem pinkfarbenen Stift markiert, anderes hatte sie handschriftlich ergänzt, zum Teil sehr persönlich. Was mir dabei sofort auffiel: Sie hatte für ihren Traum wirklich gekämpft wie eine Löwin.

In etlichen Schreiben hatte sie bereits frühzeitig ihre tiefe Enttäuschung über die leeren Versprechungen des Vertriebsmitarbeiters ausgedrückt. Manchmal auch mit sehr offenen Worten zum Gesundheitszustand ihres Vaters und ihrer Tochter. Sie hatte damit kein Mitleid erheischen, sondern einfach ihrer zunehmenden Verzweiflung möglichst nachvollziehbar Ausdruck verleihen wollen. Denn nichts anderes war der Traum vom eigenen Haus für sie geworden: ein verzweifelter Kampf.

Doch von Anfang an wurde sie immer nur mit nüchternen Standardantworten abgespeist. Die persönliche Lebenssituation interessierte niemanden, stattdessen berief man sich auf Baustellenprotokolle – »Das war im Plan nicht eingezeichnet« – und forderte Geld. Natürlich ist eine Fertighausfirma kein Wohlfahrtsverein, aber das hatte Frau Schmidt auch nie erwartet. Sie wollte sich nur nicht zu einer Bittstellerin machen lassen, die um Almosen betteln muss. Jetzt, wo ich mir den ganzen Vorgang in der Rückschau noch einmal vor Augen führe, wird deutlich, dass diese Frau seit Jahren in einer Verteidigungsposition steckte. Sie kämpfte mit ihrer ganzen Kraft darum, nicht alles zu verlieren, und trotzdem entglitt ihr die Sache mehr und mehr.

Dass Frau Schmidt nach mittlerweile fast zwei Jahren überhaupt noch kämpfen konnte, war erstaunlich genug. Doch ihr stand die größte Schlacht noch bevor. Der Anwaltskollege, der die Gegenseite bereits seit vielen Jahren in allen möglichen Angelegenheiten vertrat, war mir mal als »harter Knochen« beschrieben worden. Dabei handelte es sich um eine schamlose Untertreibung. Als im Herbst 2012 das Gerichtsverfahren in vollem Gange war, beschrieben die Kläger nicht nur wie erwartet eine zahlungsunwillige Bauherrin, sondern fuhren in ihren Schreiben an das Gericht eine ganze Litanei von Vorhaltungen und Versäumnissen auf.

Noch im September lieferte mir Frau Schmidt eine umfassende Stellungnahme zu den Vorhaltungen in den Schriftsätzen der Gegenseite. Wir waren so gut vorbereitet, wie es nur ging, mussten uns aber weiterhin gedulden. Im Oktober 2012 kam dann die Ladung: Im Januar 2013 stand der erste Gerichtstermin an – über zwei Jahre nach dem ursprünglich versprochenen Einzugstermin, und noch war natürlich offen, wie viele Termine danach vielleicht noch folgen würden.

Für mich ist ein Gerichtstermin eine alltägliche Sache, für einen Mandanten aber meist sehr aufwühlend. Ich habe es mir daher zur Routine gemacht, meine Mandanten kurz vor dem Gerichtstermin noch einmal zu einer vorbereitenden – und beruhigenden – Besprechung einzuladen. Doch zu dieser letzten Vorbesprechung sollte es nicht mehr kommen.

Im November schickte der Anwalt der Gegenseite erneut einen Schriftsatz an das Gericht. Wieder gab es viele Vorwürfe gegen Frau Schmidt, diesmal, weil wir weitere Mängel gerügt hatten und diese in der gesetzten Frist nicht beseitigt worden waren. Wie gehabt, behauptete die Firma, sie habe alles richtig gemacht, die Mängel gebe es nicht, und wenn, dann sei das bauseits zu verantworten.

Frau Schmidt antwortete mir auf dieses Schreiben:

»… nach drei Tagen sind der erste Zorn und die Fassungslosigkeit gewichen. Der gegnerische Kollege sollte sich mal überlegen, was er eigentlich will. Von den angeblichen Versäumnissen war nie die Rede … Außerdem möchten wir bemerken, dass der gegnerische Anwalt ohne Kenntnisse der örtlichen Gegebenheiten argumentiert. Das entspricht alles nicht den Tatsachen. Sollten Sie noch weitere Beweisstücke benötigen, bitten wir um kurze Mitteilung.

Besten Dank und viele Grüße aus der möblierten Baustelle Familie Schmidt«

Eine Woche später nahm sich Frau Schmidt das Leben.

Die Nachricht von ihrem Tod erhielt ich drei Tage später von ihrer Mutter. Sie war natürlich am Boden zerstört und wusste nicht, wie es weitergehen sollte, da sie sich mit der ganzen Gerichtssache nicht auskannte. Weil sie den Bauvertrag mit unterschrieben hatte, war davon auszugehen, dass sich die Kläger ab sofort auf die 72-Jährige konzentrieren würden. Als wäre das jetzt ihre größte Sorge.

Auch ich war geschockt. In den kommenden Tagen konnte ich kaum einen klaren Gedanken fassen. Immer wieder las ich die letzten Schreiben der Akte durch. Hätte ich etwas ahnen können? Hätte ich den Tod meiner Mandantin verhindern können? Hatte ich einen Fehler gemacht? Irgendetwas übersehen?

Man findet keine endgültigen Antworten auf solche Fragen. Man dreht sich im Kreis, ist einfach nur traurig und tief berührt.

Ich beantragte bei Gericht die Aussetzung des Verfahrens.

Das Verfahren wurde daraufhin ausgesetzt, was uns Zeit verschaffte. Ich lud Frau Schmidts Mutter zu einer Besprechung in die Kanzlei ein, um mit ihr die weitere Vorgehensweise zu erörtern. Natürlich wollte ich sie unterstützen, nach diesem Schicksalsschlag umso mehr. Doch leider kam es auch zu diesem Termin nicht mehr. Wenige Wochen nach dem Freitod der Tochter nahm sich auch die Mutter das Leben. Sie sei über den Verlust ihrer Tochter nicht hinweggekommen, soll sie in einem Abschiedsbrief geschrieben haben.

Eigentlich sollte man nach diesem doppelt tragischen Ende keine weiteren Worte mehr verlieren. Doch für die Fertighausfirma war der Fall damit noch lange nicht erledigt, sie wollte ja unbedingt ihre 43 000 Euro. Der Anwaltskollege ging dann, nachdem auch die zweite Beklagte verstorben war, skrupellos gegen den an Demenz erkrankten Großvater und die Kinder vor.

Es fällt schwer, ein derart pietätloses Verhalten auch nur im Ansatz nachzuvollziehen. Mir fehlen da die Worte. Aber es kommt nun mal vor. Es gibt Firmen und Menschen, die im wahrsten Sinne des Wortes über Leichen gehen. Hauptsache, die Kasse stimmt.

Die Kinder und der Großvater haben das Erbe schließlich ausgeschlagen, das Haus wurde versteigert. Die klagende Fertighausfirma ging leer aus, doch wen sollte das noch trösten?

An anderer Stelle habe ich ja bereits erwähnt, dass sich drei von vier privaten Bauherren für ein »schlüsselfertiges« Haus entscheiden. Obwohl man sich vor Baumarktwerbung in den letzten Jahren kaum noch retten kann und deshalb den Eindruck gewinnen könnte, in Deutschland baut jeder Bürger vom Vogelhäuschen bis zum Eigenheim alles mit seinen eigenen Händen, trifft das beim Hausbau nur auf eine vergleichsweise kleine Gruppe zu. Der Boom des Selbermachens endet im echten Leben für die meisten bei einfachen Renovierungsarbeiten und selbstgezimmerten Gartenmöbeln. Zum Glück, wenn Sie mich fragen. Denn mit Eigenleistungen beim Hausbau stößt man als durchschnittlich begabter Hobbyhandwerker einfach schnell an Grenzen. Selbst die klassischen Eigenleistungen wie Tapezieren und Malern sind nicht für jedermann.

Trotzdem gibt es im Land der Bastler und Heimwerker immer wieder Bauherren, die sich davon nicht nur nicht abschrecken, sondern überhaupt erst locken lassen. Wenn zum Beispiel eine junge Familie mit einer eigenen Immobilie liebäugelt, für die sie im Augenblick aber (noch) nicht genügend Geld lockermachen kann, dann fällt früher oder später das

Zauberwort »Eigenleistungen«. Man ist jung und fit, da lässt sich doch sicher einiges sparen, wenn man selbst Hand anlegt, oder nicht? Von Vorstellungen, Verlockungen oder Versprechen dieser Art haben sich schon viele Bauherren ködern lassen, auch die Freudenbergers.

Die Ärztin Sarah und ihr Mann, der Yogalehrer Felix – sie Ende dreißig, er Anfang vierzig –, hatten sich in ein großes, altes Stadthaus verguckt. Gemeinsam mit ihren beiden Kindern von fünf und sieben Jahren wollten sie raus aus der Mietwohnung, um ihre Zukunft in den eigenen vier Wänden aufzubauen. Bevor es so weit sein würde, war allerdings eine ganze Menge Arbeit an dem Altbau zu erledigen, das war ihnen von Anfang an bewusst, denn das Haus hatte in ihren Augen »einen etwas maroden Charme«. Etwas objektiver betrachtet musste man sagen: Er war ziemlich heruntergekommen und hatte eine gründliche Sanierung bitter nötig.

Seit rund drei Jahren stand das Haus bereits leer. Die letzte Bewohnerin war eine alte Frau gewesen, die von den 250 Quadratmetern Wohnfläche aber wahrscheinlich nur einen Bruchteil genutzt und Renovierungen nicht mehr für wichtig oder lohnend erachtet hatte. Wahrscheinlich war seit Jahren und Jahrzehnten nichts mehr in den Erhalt des Hauses gesteckt worden. Der schlechte Zustand der Bausubstanz senkte zwar einerseits den Kaufpreis, andererseits war mit einem entsprechend höheren Aufwand für die Sanierung zu rechnen. Ein Kaufpreis von gerade mal 60 000 Euro ließ jedenfalls erahnen, dass sich hier so einiges an Renovierungsbedarf aufgestaut hatte.

Trotz der rund dreihundert Jahre, die das Haus bereits auf dem Buckel hatte, bestand kein Denkmalschutz, das hatte die Erbengemeinschaft, der die Immobilie gehörte, den Freudenbergers vor dem Kauf notariell bestätigen lassen. Das war aber auch das einzig Gute an der Sache. Oder das einzig Schlechte, je nachdem, wie man es sehen mochte – denn wahrscheinlich hätten Denkmalschutzauflagen die Sanierungskosten so weit in die Höhe geschraubt, dass sie den Kauf verhindert hätten. »Zu teuer« kann einen am Ende nämlich auch günstiger kommen als »gerade noch im Budget« – aber welcher Laie weiß das schon vorher?

Die Freudenbergers wussten es nicht, wollten es aber wissen. Dass ihre Rücklagen nicht groß genug waren, als sie das Zu-verkaufen-Schild zum ersten Mal entdeckten, vermuteten sie zwar selbst, aber sie wollten ihren Traum zumindest einmal von einem Fachmann durchrechnen lassen. Vielleicht ging ja doch was, vielleicht war es ja am Ende sogar ein »Schnäppchen«. Also zogen sie einen Innenarchitekten zu Rate, der das Haus für sie vermessen und die Sanierungskosten abschätzen sollte. Im Nachhinein muss man sagen, dass dieser Mann das ganze Vorhaben gehörig unterschätzt hat. Zur Ehrenrettung sei aber auch erwähnt, dass seine optimistische Schätzung alles in allem noch im Rahmen des Möglichen war. Dann hätte allerdings alles, aber auch wirklich alles klappen müssen. Vor allem aber hätte es dafür einen seriösen Bauunternehmer gebraucht, der ein realistisches Angebot macht – und später auch hält.

Der Innenarchitekt hatte neben dem Kaufpreis eine Summe von rund 140 000 Euro für die komplette Sanierung veranschlagt. Die Freudenbergers hätten also insgesamt gut 200 000 Euro in die Hand nehmen müssen. Das hörte sich im ersten Moment kaum machbar an, weil sie noch einen alten Kredit bedienen mussten und weder genug auf der hohen Kante noch andere Sicherheiten zu bieten hatten. Sie konnten nur ihre beiden Einkommen in die Waagschale werfen. Wie die Chancen auf einen neuen Kredit stünden, konnten sie schlecht einschätzen. Also fragten sie bei ihrer Hausbank nach, welche Möglichkeiten zur Finanzierung ihres Haustraums denn tatsächlich machbar wären.

Für die Bank gilt in der Rückschau dasselbe wie für den Innenarchitekten: Auch sie unterschätzte den Fall komplett, auch sie bremste den Optimismus der Freudenbergers nicht auf ein realistisches Maß zurück. Natürlich waren es am Ende die Freudenbergers selbst, die sämtliche Verträge unterschrieben, aber man muss auch festhalten: Anstatt nachdrücklich Bedenken zu äußern, die mehr als angebracht gewesen wären, befeuerten sowohl Innenarchitekt als auch Bank das Vorhaben der jungen Familie nur noch mehr.

Dabei war die Finanzierung von Anfang an sehr stark auf Kante genäht. Die Freudenbergers mussten monatlich allein 1800 Euro für ihre beiden Kredite, den alten und den neuen, aufwenden. Neben all den laufenden Kosten blieb ihnen nicht einmal mehr genug, um sich ein neues Sofa zu leisten, das eigentlich längst fällig gewesen wäre. An einen schönen Familienurlaub war so schnell auch nicht mehr zu denken, und sie mussten beten, dass sie keine neue Waschmaschine brauchen würden, bevor sie in ihr neues Zuhause einzogen.

Und so saßen sie nun auf ihrem alten, schon halb kaputten Sofa und hatten eine unterschriftsreife Finanzierung vor sich liegen, die ihnen gerade einmal einen Puffer von 10 000 Euro für eine eventuelle Nachfinanzierung ließ. Bei diesem Haus ein Witz von Puffer! Unter diesen Voraussetzungen – man könnte auch sagen: unter diesem finanziellen Druck – einen verlässlichen Bauunternehmer zu finden, der diesen engen Rahmen nicht sprengt, war ein enormes Risiko. Im Nachhinein muss man sagen, es war ein Ding der Unmöglichkeit. Ich habe nichts gegen positives Denken – solange es einigermaßen realistisch bleibt. Im Fall der Freudenbergers war es aus meiner Sicht einfach nur unverantwortlich, für diese Finanzierung grünes Licht zu geben.

Die Freudenbergers selbst schätzten das Risiko nicht so hoch ein oder sahen es erst gar nicht. Sie wollten es auch gar nicht so genau sehen, schließlich hatten sie ja bis vor kurzem kaum damit gerechnet, dass sie ihrem Traum doch schon so nahe waren. Für sie klangen die Signale von Innenarchitekt und Bank: »So kriegen wir das hin.« Sie waren voller Euphorie, und ihr alleiniger Fokus war nun darauf gerichtet, einen Bauunternehmer zu finden, der im Rahmen des Finanzierungskonzepts die Kernsanierung des Hauses übernehmen würde. Die Kreditkonditionen – das war für sie schnell klar – würden sie in jedem Fall akzeptieren und sofort unterschreiben. Doch die Suche nach einem Bauunternehmer war gar nicht so einfach, sie stellte sich sogar als ziemlich schwierig heraus.

Das günstigste Angebot, das sie von einem Bauunternehmer bekamen, lag bei 125 000 Euro. Ein Kostenvoranschlag, der sich als viel zu optimistisch erweisen sollte. Es wäre allerdings zu einfach, die Baufirma als Nummer drei nach dem Innenarchitekten und dem Bankberater in die Reihe der Berufsoptimisten einzuordnen. Denn wie sich herausstellen sollte, verfolgte sie mit ihrem Angebot von Anfang an ganz eigene Ziele. Nennen wir die Firma Schafstall.

Obwohl das Schafstall-Angebot deutlich über dem lag, was die Freudenbergers in ihrer Kalkulation vorgesehen hatten, interpretierten sie das Angebot nicht etwa als vorläufigen Schlussstrich unter ihren Traum, sondern als Verhandlungsbasis. Schließlich ließ die Firma Schafstall durchblicken, dass sich der Preis senken ließe, wenn die Bauherren einige Leistungen selbst übernehmen würden. »Dann packen Sie eben selbst mit an, dann können Sie sich das auch leisten!«

Und so begann das große Runterrechnen.

Da die Freudenbergers neben der Kernsanierung unter anderem auch noch eine neue Elektrik und eine neue Heizung sowie die Sanierung der Sanitäranlagen bezahlen mussten, war der Kostenvoranschlag in dieser Form für sie finanziell nicht durchführbar. Sie machten ihrem Verhandlungspartner daher klar, dass sie für die Leistungen, die er angeboten hatte, maximal 90 000 Euro zur Verfügung hätten.

Oje, dachte ich, als ich das zum ersten Mal aus dem Mund von Frau Freudenberger hörte: 35 000 Euro durch Eigenleistungen einsparen zu wollen ist eine absurd hohe Summe. Und bei einem realistischen Kostenvoranschlag wäre die Differenz ja noch viel größer gewesen. Die Rechnung konnte niemals aufgehen. Nach meiner Erfahrung sollte man bei allem, was über 10 000 Euro liegt, skeptisch werden. Wenn es hoch kommt, dann sind vielleicht auch 20 000 Euro drin, aber dafür muss man bereits über viel Erfahrung beim Bauen und genügend Zeit verfügen. Wenn die Phrase »Zeit ist Geld« stimmt, dann sicher beim Thema Eigenleistungen.

Um den Freudenbergers das zu verdeutlichen, stellte ich ihnen eine Rechnung auf, bei der ihre Augen immer größer wurden: Wenn man einen Bauunternehmer durch Eigenleistungen um 35 000 Euro im Preis drücken möchte, muss man davon ungefähr 15 000 Euro als Materialkosten veranschlagen, die so oder so anfallen. Der Unternehmer hat für die Arbeiten und den Lohn seiner Arbeiter also etwa 20 000 Euro kalkuliert. Geht man von einem üblichen Stundenlohn von 50 Euro pro Facharbeiterstunde aus, dann hat der Unternehmer bei 20 000 Euro also etwa 400 Stunden eingeplant, verteilt auf mehrere Arbeiter. Wenn man als Privatperson diese Lohnarbeiten selbst macht, braucht man mindestens doppelt so lange wie ein Facharbeiter, in diesem Fall also rund 800 Stunden. Will man abends noch vier Stunden anpacken, was nach einem anstrengenden Arbeitstag schon ein hartes Stück ist, dann wäre man ununterbrochen – auch am Wochenende – 200 Tage oder fast sieben Monate durchgehend mit den Eigenleistungen beschäftigt. Das ist in der Praxis unmöglich!

Die Freudenbergers wurden am Ende meiner Rechnung sichtlich blass. Denn bis hier hin ging es ja »nur« um die Arbeitsleistung von 20 000 Euro, die sie theoretisch hätten einsparen können. Die Materialkosten fielen ja so oder so an. Und nicht nur die. Das macht sich übrigens so gut wie kein Bauherr vorher klar, bei dem das Zauberwort »Eigenleistungen« verfangen hat: Selbst wenn man sein ganzes Haus in Eigenleistung bauen würde, fallen Kosten an, die man einfach nicht vermeiden kann. Und das meint natürlich nicht nur die reinen Materialkosten. Es gibt auch Kosten, die durch das persönliche Mitwirken erst verursacht werden. Dazu gehören so etwas vermeintlich Banales wie die Fahrtkosten, um zur Baustelle zu gelangen, oder das Bewirten der Bauhelfer. Auch Kleinvieh macht Mist. Hinzu kommt zum Beispiel auch der Abschluss einer Bauhelfer-Unfallversicherung, die man auf keinen Fall ignorieren sollte. Für diese Versicherung ist der Bauherr nämlich selbst verantwortlich, da er in diesem Fall als Unternehmer gilt.

Apropos Versicherung: Wer haftet eigentlich, wenn durch die Eigenleistungen Schäden entstehen und der Bauunternehmer anschließend nicht weiterbauen kann? Und wer übernimmt die baufachliche Aufsicht für die Bauten in Eigenregie? Dieses Risiko bleibt immer beim Bauherrn und kann neben dem erheblichen Zeitbedarf zu echten Baukrisen führen. Wenn man wirklich Eigenleistungen erbringen will, rate ich dringend dazu, sich von einem Sachverständigen begleiten zu lassen. Kommt es nämlich zu Problemen an den Schnittstellen zwischen eigenen Arbeiten am Bau und den Gewerken der Unternehmer, erklären diese immer, dass sie für diese Mängel keine Gewährleistung übernehmen. So ein baubegleitender Sachverständiger kostet zwar auch ein bisschen was, aber das ist gerade bei Eigenleistungen gut investiertes Geld.

Und was man bei einer soliden Planung auch nicht wegsparen kann, sind Rücklagen, damit im Fall von Krankheit, Arbeitsauslastung im Hauptberuf oder der Erkenntnis, dass man ohne professionelle Hilfe nicht weiterkommt, immer noch die Möglichkeit besteht, Handwerker zu beauftragen, um den Zeitplan des Baus nicht zu gefährden. Bei den angepeilten 90 000 Euro hatten die Freudenbergers zwar noch einen Puffer von rund 20 Prozent – doch der stellte sich schon bald als viel zu gering heraus.

Nüchtern betrachtet ist das Einsparpotenzial durch Eigenleistungen also sehr überschaubar. Ich bin deshalb immer sehr bemüht, meinen Mandanten reinen Wein einzuschenken, auch wenn er ihnen nicht schmeckt. Beschönigungen helfen da einfach nicht weiter. Wie bei den Freudenbergers komme ich damit aber oft zu spät, denn die Mandanten sitzen normalerweise erst vor mir, wenn der Bau schon länger ins Stocken geraten ist.

Die Freudenbergers waren wenigstens von Anfang an ganz ehrlich zu mir. Sie gaben unumwunden zu, dass sich die Idee mit den Eigenleistungen für sie einfach nur nach der perfekten Lösung für ihre finanzielle Situation angehört hatte. »Dann packen wir eben selbst mit an, dann kriegen wir das schon hin!« Das klang doch toll, beim eigenen Haus auch noch selbst Hand anlegen. Von alleine wären sie nie darauf gekommen, dass Einsparungen von 35 000 Euro komplett unrealistisch waren. Es spornte sie anfangs eher an, als dass es sie abschreckte.

Und was war mit der Bank? Hätte der Bankberater nicht aufschreien müssen? Das habe ich mich in ähnlichen Fällen schon so oft gefragt. Und leider komme ich immer wieder zur selben Antwort: Bankberater beziehungsweise die Verantwortlichen in den einzelnen Banken, die die Kreditkonditionen festlegen, gehen meines Erachtens viel zu leichtfertig mit dem Thema Eigenleistungen um. Aus Sicht der Banken zählen die Eigenleistungen zum Eigenkapital und senken somit den Kreditbedarf. Die »Muskelhypothek«, wie Eigenleistungen auch scherzhaft genannt werden, wird von Banken in aller Regel also positiv bewertet. Die Belastung wird dabei völlig verkannt. Jedem dritten Bauherrn, der Eigenleistungen erbringen will, geht es darum, zu geringes Eigenkapital auszugleichen. Doch aus meiner Erfahrung ist das nur Augenwischerei! Über günstigere Zinskonditionen kann man natürlich immer verhandeln – und sollte es auch! –, aber den Bedarf an Kapital senken Eigenleistungen in der Praxis nur marginal. Die Banken stellen sich dann als »Ermöglicher« dar, aber natürlich wollen sie in erster Linie selbst etwas verdienen. Im Fall der Muskelhypothek wird aus meiner Sicht viel zu oft ein falsches Signal gesetzt. Teilweise mit fatalen Folgen.

Mit ungebremster Euphorie unterschrieben die Freudenbergers wenig später einen Kredit- und einen Bauvertrag, in dem die Eigenleistungen nicht einmal exakt festgelegt waren. »Das klären wir im konkreten Einzelfall dann noch, aber eine Reduzierung auf 90 000 Euro kriegen wir mit Ihren Eigenleistungen hin«, wurde mündlich versprochen. Sie sollten den Aushub für die Bodenplatte im Erdgeschoss sowie (unter Anleitung) das Abdecken, Isolieren und neu Eindecken des Daches übernehmen. Und nicht nur das: Der komplette Trockenbau im Dach war ihre Aufgabe, genauso wie die Installation der neuen Heizung sowie die Malerarbeiten. Außerdem könnten sie noch mitarbeiten, wo möglich, bei den Fußböden beispielsweise – doch das wurde alles, wie gesagt, nur mündlich vereinbart.

Die Freudenbergers dachten sich: »Na, Trockenbau ist ja nicht so schwierig.« Dass man dabei auch Arbeiten mit schweren Platten über Kopf ausführen muss und das auf keinen Fall allein leisten kann, muss der Firma Schafstall natürlich bewusst gewesen sein. Und dass sich die Freudenbergers damit komplett übernehmen würden, auch. Der jungen Familie fehlte jegliche fachliche Qualifikation, das konnte sie ohne Hilfe gar nicht schaffen. Kaum standen sie vor dem ersten Problem, bot Firma Schafstall »ganz selbstlos« Hilfe an und übernahm einige Aufgaben. Vermied es aber zu erwähnen, dass es dafür Extrarechnungen geben würde. Und nicht zu wenige.

Als die Freudenbergers schließlich zu mir kamen, hatten sie der Baufirma insgesamt bereits 105 000 Euro gezahlt, ihren Puffer für Schafstall also schon fast aufgebraucht und gerade eine weitere Rechnung über 30 000 Euro erhalten. Zusammen mit weiteren Kosten für Baumaterial, Baucontainer, Elektromaterial, Elektriker, Sanitärmaterial, Fliesenleger und so weiter hatten sie insgesamt bereits über 150 000 Euro ausgegeben. Und die Baufirma veranschlagte bis zur Fertigstellung noch einmal 55 000 Euro. Mindestens, wie es hieß. Das wäre dann unter dem Strich mehr als das Doppelte der mündlich vereinbarten Summe. Wenn man nun den Worst Case annahm, dann drohte den Freudenbergers schon sehr bald die Privatinsolvenz – und noch nicht einmal das Dach war fertig. Ober- und Dachgeschoss waren noch immer unbewohnbar, und auf der Baustelle herrschte aktuell Baustopp. Firma Schafstall setzte den Bauherren die Pistole auf die Brust: Wir arbeiten erst weiter, sobald die 30 000 Euro bezahlt sind.

Dass das Baukonto zu spärlich gefüllt war, war klar und nicht mehr zu ändern. Aber wie konnten die Baukosten derart explodieren? Als wir uns die Schafstall-Rechnungen gemeinsam ansahen, war auf den ersten Blick nichts Auffälliges zu finden. Erst nach einem intensiven Frage-und-Antwort-Spiel entdeckte ich, dass die Zusatzkosten ziemlich geschickt versteckt waren. Außerdem wurden auch Kosten abgerechnet, die gar nicht angefallen waren. Zum Beispiel war für den Aufbau des Fußbodens oder das Stellen des Schornsteins nur Material geliefert worden, die Leistung hatten die Freudenbergers aber selbst erbracht. Das würden wir natürlich nicht durchgehen lassen, und es gab uns »Verhandlungsmasse«.

Wie sich beim weiteren Nachbohren herausstellte, waren die Freudenbergers über einen Bekannten, der selbst gerade eine Altbausanierung von Schafstall durchführen ließ, an die Baufirma geraten. Als der Bekannte seine Empfehlung aussprach, war er auch noch sehr zufrieden mit dem Unternehmen. Doch wie wir nun erfuhren, gab es auch bei ihm im Nachhinein noch Streit ums Geld: 85 000 Euro waren vereinbart, doch auf einmal gab es angeblich 35 000 Euro Mehrkosten. Schafstall redete sich heraus, dass es eine »Regiebaustelle« wäre, bei der man die Kosten von vornherein nun einmal nicht genau kalkulieren könne. Das hatte ihn aber nicht davon abgehalten, im Vorfeld ein viel zu günstiges Angebot abzugeben, um den Zuschlag zu erhalten. Am Ende – und erst nach massivem Protest des Bekannten – einigten sich Schafstall und der Bauherr auf 20 000 Euro Nachlass.

Der Fall des Bekannten hatte erstaunliche Parallelen zum

Fall der Freudenbergers, das war schon sehr verdächtig. Es sah ganz nach einer Masche aus, was aber schwer zu belegen war. Zwar fiel auch bei den Freudenbergers das Wort »Regiebaustelle«, aber das war höchstens ein weiteres Indiz, kein Beweis.

Mehr als ein Kompromiss war bei den Freudenbergers wohl auch nicht drin. Dafür hatten sie selbst zu viele Fehler begangen, und außerdem war ihre Lage viel zu brenzlig für einen langwierigen Rechtsstreit. Wie gesagt, die Baustelle stand still, das Dach war noch nicht fertig und die Privatinsolvenz drohte, wenn wir nicht möglichst bald eine einvernehmliche Lösung fanden. Es war schnell klar, dass der Weg aus dem Schlamassel über eine Schlichtung führen musste. Nur Herrn Freudenberger leuchtete lange nicht ein, dass dieser Weg das Maximum für ihn und seine Familie darstellte.

So einsichtig er hinsichtlich der Überschätzung der Eigenleistungen inzwischen war, so sehr sah sich Felix Freudenberger von der Firma Schafstall über den Tisch gezogen. Das konnte ich einerseits gut nachvollziehen, denn es geht einfach nicht, dass ein Bauunternehmer den Bauherrn im Nachhinein vor vollendete Tatsachen stellt und ohne vorherige Absprache Mehrkosten berechnet, nach dem Motto »Friss oder stirb«. Andererseits ist auch klar, dass in diesem Fall die Mehrkosten zu einem großen Teil entstanden waren, weil der Bauunternehmer Aufgaben übernommen hatte, die die Bauherren in Eigenleistung erbringen wollten, aber nicht konnten. Beide Seiten hatten also Fehler begangen, und beide Seiten pochten auf ihr Recht.

Die Zeit drängte mal wieder. Ich musste beide Seiten an einen Tisch bekommen oder, was ich meistens besser finde, zu einem gemeinsamen Termin auf die Baustelle. Direkt vor

Ort zeigen sich die Parteien oft gesprächsbereiter als in einem Gerichtssaal oder einem Büro – das muss nicht zwangsläufig zielführender sein, aber hier hielt ich es für die beste Möglichkeit, eine schnelle Entscheidung herbeizuführen. Meine Strategie bestand darin, nicht als Klägerin, sondern als Schlichterin zwischen den Freudenbergers und der Firma Schafstall aufzutreten und zwischen beiden zu vermitteln. Natürlich wollte ich in erster Linie ein gutes Ergebnis für meine Mandanten, aber genau deshalb musste ich unbedingt vermeiden, dass sich Schafstall in die Ecke gedrängt fühlte und absolut dichtmachte.

Doch zunächst hatte ich ganz schön mit Felix Freudenberger zu kämpfen, bis ich ihn für meinen Plan gewinnen konnte. Was ihn schließlich überzeugte, war, dass die meisten Streitigkeiten beim Bau eh in Vergleichen enden. Die Vorstellung, dass man vor Gericht auf ganzer Linie gewinnt und dieses Recht auch durchsetzen kann, muss man sich in der Praxis leider abschminken. Das ist eher die Ausnahme.

Als Herr Freudenberger schließlich eingesehen hatte, dass auch er Kompromisse machen musste, war er schließlich mit im Boot und überzeugt davon, dass eine gemeinsame Lösung auch das Beste für ihn und seine Familie wäre. Jetzt musste ich also noch die Firma Schafstall zu einem Treffen bringen. Nach deren Vorgeschichte mit dem Bekannten war eine Terminvereinbarung allerdings überhaupt kein Problem. Bei der Firma war weit weniger Widerstand spürbar als bei Herrn Freudenberger, im Gegenteil, sie war schnell bereit, eine Schlichtung durch mich durchführen zu lassen. Sehr wahrscheinlich war es nicht die erste in ihrer Firmengeschichte. Noch so ein Indiz.

Die Schlichtung selbst lief dann glücklicherweise sehr konstruktiv ab. Es war fast schon ein Paradebeispiel einer guten

Schlichtung. Zunächst begrüßte ich beide Parteien, lobte ihre Bereitschaft für eine außergerichtliche Einigung und erklärte den weiteren Ablauf unseres Treffens. Bevor jede Seite die Möglichkeit bekam, ihre Sicht der Dinge noch einmal genau zu erläutern, stellte ich Kommunikationsregeln auf, die während der Schlichtung eingehalten werden sollten, so eine Art »1x1 des konstruktiven Streitens«: respektvoller Umgang miteinander, gegenseitiges Zuhören, den anderen ausreden lassen, alles in normaler, angemessener Lautstärke. Solche allgemeinen Regeln sind als Einstimmung immer ganz hilfreich und nehmen Emotionen weitestgehend aus der Sache heraus. Es gab zwar wie so oft auch in diesem Fall Widersprüche und gegenseitige Vorwürfe, blieb aber absolut friedlich. Die Grenzen der Kommunikationsregeln wurden von beiden Seiten eingehalten, ich musste nicht eingreifen, was meine Aufgabe als Schlichterin gewesen wäre, wenn es laut geworden wäre. Manchmal hilft nämlich auch das 1x1 nicht weiter.

Nach den Darstellungen beider Seiten wurde deutlich, wo die Missverständnisse lagen, die zu den offenen Rechnungen und zum Baustopp geführt hatten. Wie so oft ging es zwar um dasselbe Haus und dieselbe Baustelle, nur sprachen Bauherr und Bauunternehmer zwei verschiedene Sprachen. Nun ging es darum, zu dolmetschen und eine gemeinsame Lösung zu finden beziehungsweise Vorschläge zu erarbeiten, auf die sich die Parteien zubewegen und schließlich einigen könnten. Ich fragte zunächst die Freudenbergers, wie sie sich eine einvernehmliche Lösung vorstellten, anschließend die Baufirma. Die jeweiligen Lösungsvorschläge hielt ich auf einem Flipchart fest. Oje, Flipchart, muss das sein, denken Sie jetzt vielleicht. Geht natürlich auch ohne, hat aber den schönen Vorteil, dass alle dasselbe vor sich sehen (in einer Sprache sozusagen) und weitere Missverständnisse besser vermieden werden können. Außerdem gibt es einen weiteren Vorteil, auf den ich gleich noch zu sprechen komme.

Wenn die Positionen für alle gut sichtbar festgehalten werden, zeigt sich außerdem ganz konkret, inwiefern beide Parteien bereit sind, aufeinander zuzugehen. Manchmal wird dann auch erst deutlich, wie nah man sich eigentlich schon ist. Klaffen die Lösungsvorschläge allerdings weit auseinander und ist eine Annäherung nicht in Sicht, dann ist eine kurze Unterbrechung sinnvoll, damit sich beide Parteien noch einmal Gedanken machen können, ob sie bereit sind, ihr Angebot anzupassen. Langes Diskutieren bringt meistens überhaupt nichts. Wenn eine Partei immer wieder auf denselben Punkten herumreitet und eine Schleife nach der anderen dreht, dann wird das Problem nur breitgequatscht, aber nicht gelöst. In solchen Fällen gehe ich immer möglichst frühzeitig dazwischen und erinnere die Parteien daran, dass sie sich zu diesem Schlichtungstermin bereit erklärt hatten, um eine Lösung zu finden. Wenn dieses »Anstoßen« keine Wirkung zeigt, dann breche ich den ersten Schlichtungsversuch ab und nehme gegebenenfalls nach ein wenig Abstand einen zweiten Anlauf mit einem neuen Termin.

So zerfahren war es zwischen Freudenbergers und Firma Schafstall zum Glück nicht. Ich konnte schon sehr bald die wichtigsten Punkte der Einigung auf dem Flipchart festhalten und bat abschließend beide Parteien, mit einer symbolischen Unterschrift den Streit beizulegen. Das ist der weitere Vorteil des Flipcharts: Es ist viel einprägsamer als auf einem normalen Stück Papier, und ich habe es selten erlebt, dass nach diesem symbolischen Akt nicht doch noch versöhnlich gelächelt wurde. Das klingt für manch einen vielleicht ein bisschen gefühlsduselig, aber nach all dem Ärger und der psychischen Belastung sollte man die erleichternde Wirkung einer erfolgreichen Schlichtung nicht unterschätzen.

An dieser Stelle könnte ich das Kapitel mit einem märchenhaften Happyend enden lassen – »Und wenn sie nicht gestorben sind, dann ...« –, aber nach einer konstruktiven Schlichtung muss ich nicht an die Gebrüder Grimm, sondern immer an einen Spruch meines Vaters denken, der sich bei mir eingebrannt hat: »Man muss nur mit de Leut' redde!« Ja, das klingt banal, ist aber einfach wahr, denn Schlichtungen zeigen immer wieder, dass viele Streitigkeiten reine Kommunikationsprobleme sind.

Um es kurz zu machen, wir hatten eine gemeinsame Lösung gefunden, mit der beide Seiten leben konnten: Die Firma Schafstall verzichtete auf einen Teil ihrer Forderungen und sagte zu, gemeinsam mit dem Bauherrn das Dach auszubauen, also den Baustopp umgehend aufzuheben. Im Gegenzug zahlten die Freudenbergers am Ende eine Summe, die zwar über den mündlich vereinbarten 90 000 Euro lag, aber deutlich unter den zwischenzeitlich im Raum stehenden 180 000 oder noch mehr Euro. Gemeinsam mit der Bank gelang es, die Privatinsolvenz abzuwenden. Auch wenn der Traum von den eigenen vier Wänden deutlich teurer wurde als ursprünglich erhofft, konnten die Freudenbergers mit der Firma Schafstall das Dach gemeinsam fertigbauen und schließlich in ihr neues Heim einziehen.

Im Laufe dieses Kapitels haben Sie sicher gemerkt, dass ich kein Freund von Eigenleistungen bin. Zumindest kein allzu großer. Da muss man im Einzelfall schon sehr genau hinschauen. Wer mit Eigenleistungen ein Haus bauen oder sanieren möchte, sollte selbst angesichts enormer Baupreise nicht den Fehler machen, das Einsparpotenzial zu überschätzen. Wer selbst baut, braucht Know-how, sehr viel Zeit und ausreichende Rücklagen. Und er sollte schon im Bauvertrag Eigenleistungen eindeutig definieren und dafür Gutschriften festschreiben. Wer das alles gut plant und von Sachverständigen begleiten lässt, dem sei der Spaß, am eigenen Haus tatkräftig mitzuwirken, natürlich gegönnt. Dann klappt es sehr wahrscheinlich auch ohne Schlichter. Und vielleicht sogar mit einem Ende wie im Märchen.

Es gibt Fälle, da komme ich mir in erster Linie wie eine Privatdetektivin vor und erst in zweiter Linie wie eine Baufachanwältin. Dass das Aufspüren von entscheidenden Details zu meinen Hauptaufgaben gehört, haben Sie bereits in den vorherigen Kapiteln lesen können. Meistens verstecken sich diese in unsauber formulierten Verträgen oder kleinen Schlüsselworten, manchmal auch in manipulierten Rechnungen, andere müssen durch mühsames Nachfragen rekonstruiert werden, weil sie nur mündlich formuliert wurden. Nachforschen und Hinterfragen gehören also ganz selbstverständlich zu meinem Tagesgeschäft. Eher ungewöhnlich ist es dagegen, wenn ich für meine Mandanten keine hilfreichen Details ausfindig machen muss, sondern gleich die ganze Gegenseite. Die war Familie Humboldt nämlich abhandengekommen.

Als Susanne und Thomas Humboldt gemeinsam mit ihren drei Söhnen Simon, Felix und Max in meine Kanzlei kamen, fehlte von ihrer Architektin bereits seit Wochen jede Spur. Sie hatte zuerst mit Ausreden geantwortet, sich dann rargemacht, war immer schwerer zu erreichen gewesen und löste sich schließlich ganz in Luft auf. Natürlich nicht ohne sich vorher für ihre »Zauberkünste« bezahlen zu lassen. Nennen wir sie Karin Kopperfeld.

Wie die Humboldts mir berichteten, begann das Bauvorhaben weniger aus magischen als vielmehr aus pragmatischen Gründen. Die damals noch vierköpfige Familie wohnte im Umland von Nürnberg in einer kleinen Doppelhaushälfte zur Miete. Als Sohn Nummer drei, der beim Besuch der Familie in meiner Kanzlei bereits zweijährige Max, unterwegs war, war klar, dass der Platz nicht mehr lange ausreichen würde. Überstürzen mussten die Humboldts zwar noch nichts, denn Simon und Felix teilten sich ein Kinderzimmer und Max würde erst einmal mit ins Schlafzimmer der Eltern kommen. Aber früher oder später würde es zu eng werden. Außerdem lag das Haus an einer Hauptverkehrsstraße, nicht gerade kindgerecht, vorsichtig ausgedrückt. Also schauten sich die Humboldts nach einer größeren Bleibe um, mit drei Kinderzimmern, dort wollten sie sich endlich längerfristig einrichten.

Noch während der Schwangerschaft machte sich aber Ernüchterung breit. Eine bezahlbare Wohnung oder gar ein anderes Haus waren nicht zu finden. Wie in und um viele Großstädte ist der Mietmarkt auch im Raum Nürnberg in den letzten Jahren durch die Decke gegangen. Und auch die Makler, mit denen die Humboldts sprachen, waren davon überzeugt, dass sich das so schnell nicht wieder in die andere Richtung entwickeln würde. Seit es von den Banken kaum noch Zinsen gab, steckten viele Menschen ihr Geld in Immobilien, weil sie es nach der Finanzkrise dort am besten aufgehoben glaubten. »Betongold« statt Sparbuch. Mit dem Ergebnis, dass Bauen boomte und Mieten stiegen.

Die Humboldts bezeichneten sich selbst eigentlich als klassische Mieter. Die Vorstellung, sich ein Haus zu kaufen und so viel Geld in eine Immobilie zu stecken, war für sie eher belastend, der berühmte »Klotz am Bein«. Sie waren natürlich nicht grundsätzlich dagegen, irgendjemand musste schließlich Wohnraum schaffen, aber weder sie noch er hatten bisher ernsthaft mit der Idee gespielt, selbst unter die Häuslebauer zu gehen. Doch da sich der Mietmarkt im Laufe ihrer Suche eher noch weiter verschlechterte (sofern man kein Vermieter war, versteht sich), machten sich auch die Humboldts schließlich ihre Gedanken.

Am Ende gaben mehrere Faktoren den Ausschlag. Zum einen lagen die Baukreditzinsen so niedrig wie seit Jahren nicht. Zum anderen waren sie schon bald zu fünft – nicht mehr lange, und es musste eine verbindliche Entscheidung her. Als dann im Rahmen eines Familien-Förderprogramms auch noch günstig ein Grundstück nur ein paar Kilometer entfernt zu haben war, wurde aus der Idee endgültig ein Entschluss. Ihre beiden Älteren konnten in ihrem Kindergarten- und Freundesumfeld bleiben, der Aufwand für den Umzug würde sich in Grenzen halten, die inzwischen lästige Hauptverkehrsstraße wäre Vergangenheit – im Nachhinein kam es ihnen fast so vor, als hätten sie gar keine andere Wahl gehabt. Sie gingen das große Projekt also mit Engagement und Freude an und machten das, was jeder vernünftige Anfänger macht: Sie baten um Rat.

Sehr schnell lernten die Humboldts eine Architektin kennen, vermittelt und empfohlen durch einen Immobilienmakler. Mit ihrer Firma AbrakadabraBau GmbH hatte die Architektin im Raum Nürnberg bereits mehrere Einfamilienhäuser entworfen und geplant. Die interessanten Hausideen der jungen Firma machten die Humboldts neugierig, das sah nicht nach Massenware aus wie bei so vielen anderen Anbietern. Und die Preise waren trotzdem nicht höher als anderswo.

Alles in allem sprach das Angebot der Architektin Kopperfeld sie am meisten an. Nicht von der Stange, aber für Humboldts Geldbeutel bezahlbar. Im Vergleich zu allen anderen Anbietern schien das der beste Deal zu sein.

Das neue Haus – bezugsfertig und ohne Eigenleistungen der Bauherren – sollte rund 140 000 Euro kosten. Architektin Kopperfeld sagte zu, sich neben der Planung auch persönlich um die Bauleitung und Koordinierung der Nachunternehmer zu kümmern. In den Augen der Humboldts wirkte sie absolut vertrauenerweckend, und sie schien ihre Sprache zu sprechen. Den Humboldts war es deshalb auch tausendmal lieber, mit ihrer Architektin zu verhandeln als mit irgendwelchen Bauunternehmern. Es mag ein unbegründetes Vorurteil sein, aber viele Menschen trauen einem Bauunternehmer eher zu, krumme Dinger zu drehen, als einem Architekten oder eben einer Architektin. Die haben vielleicht manchmal komische Designerbrillen auf der Nase, aber Betrüger sind das doch nicht, oder?

Die Humboldts ließen sich von Karin Kopperfelds Auftreten jedenfalls bezirzen. Und einmal am Haken, ließen sie sich auch noch einreden, dass Frau Kopperfeld mit ihrer Qualifikation als Architektin die Leistungen der Nachunternehmer besser beurteilen könne als irgendjemand sonst. Eine zusätzliche baubegleitende Qualitätskontrolle wäre also überflüssig. Das klang einleuchtend und würde sogar ein bisschen Geld sparen. Niemals hätten sie vermutet, dass ihre Baupartnerin damit nicht nur ihr Angebot schönredete. Und das sollte nicht der letzte Trick sein, mit dem sie die Humboldts hinters Licht führte.

Nachdem der Grundstückskauf in trockenen Tüchern war, konnte es auf der Baustelle auch schon losgehen. Das war am 1. Juli. Laut Karin Kopperfeld sollten die Bauarbeiten nach gerade einmal fünf Monaten abgeschlossen sein, die Humboldts sollten also bereits die Adventszeit in ihrem neuen Haus verbringen können. Wenn nichts dazwischenkäme. Kam es aber, und zwar von Anfang an und nicht zu knapp.

Der ursprüngliche Zeitplan war schon früh hinfällig. Schuld waren aber immer die anderen: Zunächst waren immer wieder »die Maurer krank«, dann verpennten angeblich irgendwelche anderen Subunternehmer Termine, und schließlich ging auch noch die von Karin Kopperfeld beauftragte Heizungsfirma insolvent. Da war es allerdings schon November, im Haus waren noch nicht einmal Fenster eingebaut. Obwohl der Bau also noch lange nicht so weit war, um eine Heizung überhaupt installieren zu können, musste die Insolvenz des Heizungsbauers ab sofort als Argument für alles herhalten, was nicht mehr oder nur sehr schleppend passierte.

Als das neue Jahr anbrach und schließlich der Frühling nahte, gerieten die Sorgen der Humboldts mit jedem weiteren Zwischenfall langsam, aber sicher in den roten Bereich. Als Nächstes meldeten sich Handwerker direkt bei ihnen, die wissen wollten, warum sich denn die Architektin nicht meldete und ob die Bauherren etwas über die ausbleibenden Zahlungen wüssten. Die Humboldts hatten ihrerseits bis zu diesem Zeitpunkt alle geforderten Abschläge pünktlich an die AbrakadabraBau-Chefin überwiesen. Diese war nun allerdings auch für die Bauherren schon seit einigen Tagen nicht mehr zu erreichen – weder auf E-Mails noch auf Telefonanrufe oder Briefe folgte irgendeine Reaktion. Zu diesem Zeitpunkt war der versprochene Fertigstellungstermin um fast vier Monate überzogen, und seit anderthalb Monaten ruhten auf der Baustelle sämtliche Arbeiten.

Über die Handwerker erfuhren die Humboldts auch noch

von zwei weiteren Familien aus einem Nachbarort, denen es mit derselben Architektin ganz ähnlich erging: Familie Schall wohnte knapp zwanzig Kilometer entfernt seit wenigen Wochen in einem mängelbehafteten Haus, da die finanzielle Doppelbelastung für zwei Wohnungen nicht mehr tragbar war. Nun wartete sie vergeblich darauf, dass Kopperfelds Firma die Mängel beseitigte. Bei Familie Rauch aus demselben Ort war es noch trostloser. Seit drei Monaten lag auf ihrer Baustelle lediglich eine Bodenplatte. Danach war gar nichts mehr passiert. Auch die Familien Schall und Rauch versuchten nun schon seit Wochen, die Architektin zu erreichen – ohne Erfolg. Die Frau schien wie vom Erdboden verschluckt.

Das war der Stand der Dinge, als die fünf Humboldts zum ersten Mal mit mir am Besprechungstisch saßen. Die drei Jungs hätten natürlich lieber irgendwo draußen rumgetobt und konnten kaum noch stillhalten, aber auch so war den Eltern die Anspannung wegen der verschwundenen Architektin anzusehen. Es war ihnen ein absolutes Rätsel, was Karin Kopperfeld mit ihrem ganzen Baugeld wirklich angestellt hatte und wie angesichts der offensichtlich veruntreuten Summen ihr Haus jetzt noch fertiggestellt werden sollte. Und sie stellten noch zig weitere Fragen: Wie hatten sie sich nur so in dieser Frau täuschen können? Hatte Karin Kopperfeld sie von Anfang an reinlegen wollen, oder war sie selbst in Not geraten? Die drängendsten Fragen aber lauteten: Wo ist die Architektin abgeblieben, gibt es die AbrakadabraBau GmbH überhaupt noch, und wie sollten sie ihr Geld zurückbekommen, wenn das Haus nicht bald fertiggestellt werden würde?

Und genau diese Fragen stehen jetzt ganz oben auf meiner Liste. Doch es herrscht nicht nur »Ratlosigkeit vorne«, es kommt auch noch »Druck von hinten«. Die Humboldts hatten wegen der zeitlichen Verzögerungen, die sich von Anfang an abzeichneten, den Mietvertrag für ihre Doppelhaushälfte doch nicht für Dezember, sondern für Ende Januar gekündigt. Immer noch reichlich optimistisch bei all den »kranken Maurern« und »insolventen Heizungsbauern«. Aber glücklicherweise zeigte sich der Vermieter sehr verständnisvoll und sagte ihnen zu, bis Ende April bleiben zu können. Ab Anfang Mai sollte die Doppelhaushälfte dann allerdings umgebaut und renoviert werden.

Bei unserem ersten Gespräch waren es bis dahin noch gut fünf Wochen. Der Vermieter hatte zwar signalisiert, dass er noch einmal ein paar Tage Aufschub gewähren könne, damit die Familie nicht auf der Straße landet, aber auch er hatte seine Handwerker bereits verbindlich beauftragt und konnte nicht länger warten. Das sahen die Humboldts natürlich ein, sie wollten ja selbst so schnell wie möglich umziehen. Doch der zusätzliche Zeitdruck verschärfte ihre Situation nur noch mehr. Sie drohten zwischen zwei Baustellen verloren zu gehen.

Also machte ich mich umgehend ans Werk. Meine Aufgabe war, den Verbleib des von der Familie überwiesenen Baugeldes aufzuklären und zu prüfen, welche juristischen Schritte gegen die Architektin eingeleitet werden könnten. Dazu musste ich diese so schnell wie möglich ausfindig machen und mich durch sämtliche Vertragsunterlagen arbeiten. Gleichzeitig mussten sich aber auch die Humboldts für den schlimmsten Fall wappnen, und zwar mindestens genauso schnell, denn fünf Wochen sind in ihrer Situation gar nichts. Ich empfahl der Familie deshalb eine Bewerbung bei einer Stiftung, die den Zweck hat, Bauherren oder Hauseigentümer, die unverschuldet in Not geraten sind, finanziell oder durch Schuldenberatung zu unterstützen. Eine sehr gute Initiative, die relativ unbürokratisch einspringen kann. Die Humboldts wollten sich die Bewerbungsunterlagen direkt zu Hause ansehen, um keine weitere Zeit mehr zu verlieren. Die ersten Aufgaben unserer Zusammenarbeit waren damit verteilt, wir gaben uns zum Abschied die Hände, und die Jungs durften nun endlich wieder raus.

Wie sich beim Durcharbeiten der vier Ordner, die mir die Humboldts dagelassen hatten, schon bald herausstellte, war hier noch mehr zusammengekommen, als bei unserem ersten Gespräch befürchtet. Der Vertrag war eine Katastrophe. Vordergründig enthielt der Abrakadabra-Bauvertrag zwar alle wichtigen Details zu Bauzeit und Preisen, es gab darin aber auch gravierende Widersprüche. So wurde auf einer Seite die Herstellung aller Hausanschlüsse ab einem Meter von der Gebäudekante bis zum jeweiligen Versorgungsschacht als Pflicht der Bauherren bestimmt, Stichwort bauseits. Ein paar Seiten später hieß es dann, dass die Abwasserleitungen von der Baufirma bis zum Versorgungsschacht verlegt werden sollten und dies im Hauspreis enthalten sei. Widersprüche wie diese werden von Bauunternehmen im Zweifelsfall natürlich nicht zugunsten des Bauherrn ausgelegt.

Der Vertrag war aber auch rechtlich fehlerhaft. Ein Beispiel: Seit 2009 haben alle Bauherren das Recht, einen Teil des Gesamtpreises als Sicherungssumme einzubehalten. Diese Sicherungssumme wird erst dann an die Baufirma überwiesen, wenn der Bau mangelfrei abgenommen ist. So eine Sicherheitsleistung suchte man im Bauvertrag der Humboldts vergeblich.

Besonders dreist war dann auch noch der Zahlungsplan. Bereits nach dem Aushub der Baugrube war mehr als ein Viertel der Gesamtsumme fällig: 37 000 Euro, ohne dass es überhaupt eine Gegenleistung dafür gab. Diesen Fehler machen viele Bauherren, und auch die Humboldts haben ihn begangen. Kaum wurde ihr großes Bauvorhaben gestartet, war es überzahlt. Und das blieb es dann auch bis zum Ende – Recht auf Sicherungssumme hin oder her. Ohne einen Fachmann für baubegleitende Qualitätskontrolle war das auch nur schwer zu erkennen. Doch den hatten sich die Humboldts dank Karin Kopperfeld ja sparen können. Der Satz mag sich zwar abgedroschen anhören, aber er stellt sich beim Hausbau immer wieder als goldrichtig heraus: Vertrauen ist gut, Kontrolle ist besser.

Die Humboldts hatten es sich auch lange gespart, einen Anwalt einzuschalten. Denn eigentlich wollten sie kein Geld in einen Rechtsstreit mit ungewissem Ausgang investieren. Dieses Zögern kann ich grundsätzlich natürlich gut verstehen, denn wer wirft schon gerne gutes Geld schlechtem hinterher? Erst als sich die Architektin gar nicht mehr rührte und alle gesetzten Fristen zur Wiederaufnahme der Arbeiten beziehungsweise Fertigstellung des Hauses verstreichen ließ, sahen sie sich zum Handeln gezwungen. Um andere Firmen mit der Fertigstellung beauftragen zu können, kündigten sie den Vertrag mit der AbrakadabraBau. Ein nachvollziehbarer und richtiger Schritt. Doch leider hatten sich die Humboldts auch hier einen Anwalt gespart und einige formelle Fehler bei der Kündigung begangen. Jetzt rannte ihnen nicht nur die Zeit davon, es fehlte auch das Geld zum Weiterbauen, weil die Bausumme schon längst zum größten Teil überwiesen war. Angesichts des lange noch nicht bezugsfertigen Hauses wären Zauberkräfte jetzt wirklich hilfreich gewesen – oder zumindest ein kleines Wunder.

Ich begab mich auf die Suche nach Karin Kopperfeld und klapperte dazu zunächst die üblichen Daten ab. Die

AbrakadabraBau GmbH war mit dem Unternehmenszweck »Planung, Koordination, Vermittlung und Überwachung von Bauleistungen jeder Art auf fremden Grundstücken« im Handelsregister eingetragen, und zwar mit der Geschäftsführerin, die im Vertrag mit den Humboldts in der Doppelfunktion als Architektin und Bauleiterin in Erscheinung getreten war. Karin Kopperfeld war allerdings weder in der Architektenkammer in Bayern noch einem anderen Bundesland eingetragen und registriert, wie ich über die jeweiligen Landeskammern der Architekten erfuhr. Ohne ordentliche Meldung in der Architektenkammer dürfen weder die Berufsbezeichnung »Architekt/Architektin« geführt noch Bauanträge eingereicht werden. Ich wusste: Allein damit kriegen wir sie dran.

Sämtliche Kontaktdaten in den Vertragsunterlagen führten ins Leere. Dann fand ich heraus, dass es bis Ende Januar einen zweiten Geschäftsführer gegeben hatte. Doch auch er ließ sich nicht mehr auffinden. Also konzentrierte ich mich wieder auf Karin Kopperfeld – wenn sie überhaupt so hieß.

Beim Durchackern der Akten war mir noch etwas aufgefallen: Die Grundrisse des Bauvorhabens waren noch unter dem Firmennamen SimsalabimBau abgefasst worden, obwohl zu diesem Zeitpunkt die AbrakadabraBau UG als Vorläuferin der GmbH bereits seit fast einem Jahr existierte. Was waren das für Firmen und in welchem Verhältnis standen sie zueinander? Weitere Recherchen ergaben ein kaum noch überraschendes Ergebnis: Wie sich durch ihre Doppelfunktion als Architektin und Bauleiterin schon vermuten ließ, hatte sich Karin Kopperfeld die Aufträge von der einen Firma zur anderen einfach selbst zugeschustert. Doch auch unter den anderen Adressen war sie nicht auffindbar. Alles nur ein großer Fake.

Wenn ein Bauunternehmer untertaucht, habe ich mir angewöhnt, die Nachbarn anzurufen und nachzufragen, ob ihnen die Namen etwas sagen und ob sie mir etwas zu den Personen erzählen können. Und diesmal bekam ich zumindest einen Hinweis, der eine Spur zu Karin Kopperfelds aktuellem Aufenthaltsort hätte sein können. Ich erfuhr, dass es sich bei einer der Adressen um eine Briefkastenfirma handeln sollte. Die Post wurde angeblich alle zwei Wochen von einem Taxifahrer abgeholt. Doch leider ließen sich die Hinweise nicht weiter überprüfen, dafür fehlte mir ganz einfach die Zeit. Diese Spur, falls es denn wirklich eine war, half uns im Moment nicht weiter, aber ich notierte mir die Quelle, um sie gegebenenfalls später an die Polizei weiterzuleiten.

Stattdessen nahm ich Kontakt zu den Familien Schall und Rauch auf, die ebenfalls auf der Suche nach Karin Kopperfeld und AbrakadabraBau waren. Auch sie hatten bisher keinen Erfolg gehabt, aber immerhin gaben sie mir Hinweise zu einigen Nach- und Subunternehmern, die von Karin Kopperfeld beauftragt worden waren. Die sollten als Nächstes an der Reihe sein.

Die Zimmerei Hämmerle war eines dieser Subunternehmen, die bei der Bauausführung auf mehreren Abrakadabra-Baustellen beteiligt waren. Der Kleinunternehmer hatte unter anderem den Dachstuhl, die Decken und den Trockenbau im Haus der Humboldts erstellt. Herr Hämmerle war überhaupt nicht mehr gut auf seine einstige Auftraggeberin zu sprechen. Kopperfeld schuldete ihm noch fast 10 000 Euro Lohn- und Materialkosten aus diesem und anderen Bauvorhaben. Er hatte die Summen bereits angemahnt, aber noch keinerlei Reaktion erhalten. Ich riet ihm – unter Verweis auf das Gesetz zur Sicherung von Bauforderungen –, die Architektin anzuzeigen. Denn dieses Gesetz wertet die zweckfremde Verwendung von Baugeldern als Betrug. Täuschung, Veruntreuung, Betrug, die Liste der Anklagepunkte wuchs und wuchs, je länger ich mich mit dem Fall beschäftigte. Auch die Liste der Adressen, die zu Karin Kopperfeld führen sollten, wuchs – bis zum Ende würden es acht verschiedene sein, die ich überprüfte, abtelefonierte und abfuhr. Doch es blieb wie verhext: von Kopperfeld keine Spur.

Ich kam bei meiner Detektivarbeit alleine nicht weiter. Also schaltete ich die Ermittlungsbehörden ein. Erst mit Hilfe der Polizei konnte der Aufenthaltsort der angeblichen Architektin schließlich doch noch herausgefunden werden. Doch auch das dauerte einige Wochen. Und als der faule Zauber dann endgültig aufflog, war die Freude der Humboldts, Schalls, Rauchs, Hämmerles und all der anderen betrogenen Kunden und Auftragnehmer der AbrakadabraBau nur von kurzer Dauer.

Zwar wurde ein Strafverfahren gegen Karin Kopperfeld eingeleitet, doch es stellte sich schnell heraus, dass bei ihr kein Geld mehr zu holen war. Nichts, null, alles verprasst. Mit einem Teil hatte sie so lange wie möglich versucht, die einzelnen Baustellen irgendwie am Laufen zu halten. Das konnte sowieso nicht lange gutgehen, aber sie hatte die ganze Katastrophe noch beschleunigt, indem sie einen nicht unerheblichen Teil des Geldes von Anfang an auch für teure Reisen, schicke Autos und anderen Prestigeplunder auf den Kopf gehauen hatte.

Ich frage mich immer, was diese Menschen mit dem Geld in so kurzer Zeit machen. Vor allem frage ich mich, ob diese Menschen kein Gewissen, keinen Anstand haben. Ob sie je etwas in dieser Art hatten und weshalb es verloren ging. An der Intelligenz der Täter kann es nicht liegen, die macht es manchmal nur etwas schwerer, den ganzen Schwindel aufzudecken. Man wird so etwas wohl nie ganz vermeiden können, in keiner Branche. Aber der Fall zeigt trotzdem wieder einmal, dass es unsere Gesetze Firmen viel zu leicht machen, einfach Insolvenz anzumelden, wenn sie in Schieflage geraten. Der Schaden, der den Opfern zugefügt wird, ist dadurch fast immer höher, als er für die Täter überhaupt werden kann. Das muss sich ändern, zum Schutz der Opfer!

Auch die AbrakadabraBau GmbH war also insolvent. Ich musste den Bauherren daher von einer Klage gegen die Firma und gegen die angebliche Architektin abraten. Ein Urteil wäre zwar ganz sicher zugunsten der Humboldts ausgefallen, aber wegen der Vermögenslosigkeit der »Dame« nicht durchzusetzen gewesen. Was mir noch blieb, war, die Informationen über die drei Bauvorhaben Humboldt, Schall und Rauch den Architektenkammern zu übergeben, die daraufhin alle juristisch gegen die Architektin vorgingen. So konnte zumindest sichergestellt werden, dass diese Frau nicht noch weitere Familien ins Unglück stürzte. Zumindest nicht als angebliche Architektin.

Und dann gab es doch noch ein kleines Wunder.

Die Humboldts hatten in der Zwischenzeit Erfolg mit ihrer Bewerbung bei der Stiftung. Diese stellte ihnen 30 000 Euro zur Verfügung, mit denen sie die wichtigsten Arbeiten schon bald erledigen lassen und in ihr Haus einziehen konnten. Mit einigen Mängeln mussten sie zwar leben und auch mit der Tatsache, dass sie ihren Garten erst in ein paar Jahren richtig anlegen konnten. Den Jungs war das aber egal, denn hinter dem Haus gab es eine riesige Fußballwiese, und das reichte ihnen vollkommen. Tausendmal besser als die Hauptverkehrsstraße vor dem alten Mietshaus.

Dass die Humboldts ihr neues Haus nicht aufgeben mussten, war vor allem der unbürokratischen Hilfe der Stiftung zu verdanken, aber nicht zuletzt auch der guten Kooperation der Handwerker. So konnte ich zum Beispiel Zimmerer Hämmerle dazu gewinnen, bei der Fertigstellung des Hauses mitzuwirken. Das ist natürlich immer schön, wenn sich Menschen nicht unterkriegen lassen und sich am Ende gemeinsam und erfolgreich behaupten. Auch wenn es scheinbar gegen böse Hexen geht ...

»Das sind doch nur Nebenkriegsschauplätze«

Schimmel im Dach – und das gleich doppelt

Im ersten Moment dachte ich tatsächlich, ich würde doppelt sehen. Als die Traunspurgers und die Meiereders Mitte Februar 2014 meine Kanzlei betraten, sahen die beiden Frauen auf den ersten Blick absolut identisch aus. Und wie ich schon bald erfuhr, war das äußere Erscheinungsbild längst nicht das Einzige, was die beiden Zwillingsschwestern miteinander verband. Sie hatten unter anderem zeitgleich geheiratet und zeitgleich ihre Kinder bekommen, und so hatte es sich ergeben, dass sie nun auch noch zeitgleich ein Haus bauten. Genauer gesagt: zwei baugleiche Häuser. Das nenne ich mal konsequent.

Dass Zwillinge große Ereignisse in ihrem Leben manchmal auf intensivere Art miteinander teilen als gewöhnliche Geschwisterpaare, solche Geschichten hat jeder schon einmal gehört. Und die besonderen Verbindungen, die vor allem zwischen eineiigen Zwillingen lange vor der Geburt beginnen, machen das auch irgendwie nachvollziehbar. Dass ein Zwillingspaar jetzt aber auch noch dieselben Probleme beim Hausbau hat, das hatte ich bis zu diesem Tag noch nie gehört und schon gar nicht selbst miterlebt.

Die beiden Familien kamen auf Empfehlung einer ehemaligen Mandantin, der ich ein Jahr zuvor aus der Patsche geholfen hatte. Und auch die Gegenseite, die Baufirma Backes, war keine Unbekannte für mich. Allerdings hatte ich bislang nur gute Erfahrungen mit ihr gemacht und war wirklich überrascht, als mir die Traunspurgers und Meiereders von ihrem ausgewachsenen Ärger erzählten, den ein Bauleiter von Backes verursacht haben sollte. Und dass da ein riesiger Fehler unterlaufen sein musste, zeigten mir die Fotos der Bauherren, die beide Baustellen von Anfang an sehr gut dokumentiert hatten, auf den ersten Blick: Schimmel im Dach des Rohbaus, Schimmel auf dem Putz im ganzen Haus und Schimmel auch im Estrich. Der Schaden musste gewaltig sein, war mein erster Gedanke. Ob man das überhaupt noch retten konnte?

Ein Gutachten lag auch schon vor. Es stammte von einem ausgewiesenen Experten, der bundesweit auch als »Schimmelpapst« bekannt ist. Er ist nicht nur ein absoluter Fachmann, sondern in der Baubranche fast schon gefürchtet, denn seine Gutachten sind in der Regel vernichtend für die Baufirmen. Nicht selten fordert er einen Komplettabriss und Neuaufbau, weil es mit den bekannten Methoden praktisch unmöglich ist, Schimmel und Pilzsporen zu 100 Prozent zu beseitigen. Manchmal empfehle ich ihn meinen Mandanten ganz bewusst, um einem »schwierigen« Unternehmer auf der Gegenseite ordentlich Druck zu machen, manchmal finde ich aber auch, dass er über das Ziel hinausschießt, weil es Schimmelsporen nun einmal überall gibt. Entscheidend ist, dass man sie nicht gedeihen lässt. Nur wenn ein nachweisbares Fehlverhalten vorliegt, ist es aus meiner Sicht auch zu ahnden. Dass in diesem Fall ein solches Fehlverhalten vorlag, belegte das Schimmel-Gutachten allerdings eindeutig. An dem Schimmelbefall gab es nichts zu deuten, das galt für das

Haus der Traunspurgers genauso wie für das der Meiereders. Das jetzige Problem, an dem der ganze Vorgang hakte: Die Gegenseite folgte zwar der Argumentation – kam aber nicht zum selben Ergebnis.

Die beiden Baufamilien beriefen sich auf das Gutachten des Toxikologen, und dessen Schlussfolgerung lautete: Das Dach muss wieder runter, der Innenputz muss raus und der Estrich ebenso. Tabula rasa, das heißt Entkernung und alle Gewerke noch einmal neu und schimmelfrei. Ein großer Aufwand, der viel, sehr viel Geld kosten würde. Das wollte die Baufirma natürlich nicht in diesem Umfang, wie eindeutig die Beweislage auch war. Backes zeigte sich zwar grundsätzlich gesprächsbereit und würde auch nachbessern. Doch ihre Gegenangebote zur Sanierung erschienen den Bauherren wiederum zu wenig. Nach etlichem Hin und Her war immer noch keine Lösung in Sicht, die Fertigstellung der Häuser rückte in immer weitere Ferne, und der Einzug war, Stand damals, deshalb auch nicht absehbar. Jetzt erhofften sich die Bauherren anwaltliche Hilfe von mir.

Ich bohrte weiter nach und erfuhr noch einige interessante Dinge zur Vorgeschichte: Nach dem Richtfest Mitte September 2013 waren die Fenster installiert, das Dach eingedeckt und die letzten Innenwände im Obergeschoss gestellt worden. Bis dahin war alles planmäßig verlaufen, und die Bauherren waren entsprechend zufrieden mit ihrem Bauunternehmen gewesen. Dann begannen Ende September die Bauarbeiter zunächst mit dem Außen- und kurz darauf auch mit dem Innenputz – und vermutlich fing genau hier der ganze Ärger an. Nachdem das Dach geschlossen, die Fenster eingebaut und der Außenputz aufgetragen war, gab es für die ganze Feuchtigkeit keine Chance mehr zu entweichen. Eine manuelle Be- oder Entlüftung erfolgte nicht, auch Bautrockner wurden nicht aufgestellt, eine Heizung gab es sowieso noch nicht. Stattdessen wurde Ende Oktober der Estrich gelegt, der zwei Wochen nicht betreten werden durfte. Durch die versäumte Lüftung entstand so ein optimales Biotop für Schimmel.

Erst Mitte November wurden auf Drängen der Bauherren endlich Bautrockner herangekarrt, da waren allerdings bereits erste Spuren von Schimmel in einer Dachgaube sichtbar. Die Bautrockner waren vorher auf anderen Backes-Baustellen im Einsatz gewesen, und da man ja welche besaß, hatte man keine zusätzlichen leihen wollen, so die lapidare Erklärung des Bauleiters. Ein typischer Fall von »am falschen Ende gespart«!

Kaum stand der erste Bautrockner, ging es auch schon munter mit den Bauarbeiten weiter: Noch bevor die ganze überschüssige Feuchtigkeit überhaupt entweichen konnte, ließ der Bauleiter gleich am selben Tag mit der Dämmung des Daches beginnen. Dabei wurde die Dämmwolle luftdicht mit Folie verschlossen. Man muss eifrige Arbeiter ja nicht unnötig aufhalten, aber in diesem Fall sollte sich die Eile schon bald rächen.

Es wurden immer mehr Schimmelstellen sichtbar, über die die Bauherren die Firma Backes jeweils umgehend informierten. Nichts passierte. Ende November war der Innenputz bereits an vielen Stellen im ganzen Haus massiv betroffen. Nun wurde in beiden Häusern jeweils ein zweiter Bautrockner aufgestellt – einer davon war allerdings defekt und es dauerte etliche Tage, bis er endlich lief.

Immer wieder meldeten die Bauherren neue Schimmelstellen, es schien einfach kein Ende nehmen zu wollen. Sie machten sich mittlerweile große Sorgen, ob das wirklich so harmlos und normal war, wie die Baufirma suggerierte. Der

Bauleiter machte jedenfalls weiter wie bisher, lediglich ein zusätzliches Heizgerät wurde Anfang Dezember noch vor besonders feuchte Stellen im Erdgeschoss gestellt. Das war alles.

Als die Verputzer ab Januar dann erste Ausbesserungsarbeiten ausführten, kam Herrn Traunspurger der Verdacht, dass sie eher etwas vertuschen als gründlich beheben sollten. Doch erst Ende Januar trat die ganze Katastrophe zutage.

Ganze zwei Monate hatte niemand mehr in die geschlossenen Spitzböden geschaut. Dort oben gab es ohne technische Hilfsmittel keine Entlüftungsmöglichkeiten. Als Ende Januar die Dachbodenluke geöffnet wurde, strömte einem der Gestank direkt ins Gesicht. Alle Dachbalken waren von Schimmel befallen, auf den Folien standen dicke Wassertropfen, die Dämmwolle ließ sich auswringen, so nass war sie geworden. Jetzt konnte auch die Baufirma nichts mehr verharmlosen.

Leider war die Reaktion des Bauleiters nicht gerade ein Aushängeschild für seinen Berufsstand. Noch bevor ein Gutachter den genauen Schaden feststellen konnte, ließ er viele der Schimmelstellen mit Alkohol und Spülschwämmen oberflächlich abwischen. Der Originalzustand konnte danach nicht mehr eindeutig belegt werden. Entgegen allen Absprachen wurden anschließend sogar Schleifarbeiten an den Dachbalken durchgeführt, um das wahre Ausmaß des Schadens zu verschleiern.

So ein Verhalten ist für sich genommen schon schlimm genug, doch bei alldem wurde dummerweise auch gleich doppelt herumdilettiert: Zum einen ließ der Bauleiter im Spitzboden einen Bautrockner aufstellen, der Schlauch für das Abwasser führte aber einfach auf den Estrich im Obergeschoss und verteilte dort über Nacht das Schimmelwasser. Und als wäre das nicht dämlich genug, wurde bei den Schleifarbeiten auch noch die Dachbodenluke offen gelassen, so dass sich die Schimmelsporen durch die Aktion im ganzen Haus verteilten. Das nennt man wohl Verschlimmbesserung mal zwei.

Den Bauherren war es jetzt auf jeden Fall zu viel, sie riefen den bereits erwähnten Schimmelexperten als zusätzlichen Gutachter hinzu. Aber nicht nur das. Herr Traunspurger hatte schon vor einiger Zeit begonnen, einen Baublog zu schreiben, eine Art öffentlich zugängliches Bautagebuch im Internet. Er war aus den geschilderten Gründen auf die Baufirma Backes nicht mehr sonderlich gut zu sprechen und brachte das in seinem Blog auch zum Ausdruck. Davon hatte die Baufirma bereits Wind bekommen und Herrn Traunspurger aufgefordert, den Blog zu entfernen, weil er darin falsche Tatsachen behaupten würde. Ob nun wahr oder falsch – man kann sich zumindest denken, dass Herrn Traunspurgers Baublog nicht gerade dazu beitrug, das Klima zwischen Baufirma und Bauherrn zu verbessern. Bei allem Verständnis dafür, dass man bei so viel Ärger auch mal Dampf ablassen möchte, ist das Internet ein denkbar heikler Ort dafür. So etwas sollte man sich vorher immer gut überlegen.

Regionale Sender, bundesweites Privatfernsehen und auch die Öffentlich-Rechtlichen fragen des Öfteren mal nach spektakulären Fällen bei mir an, und dieser Fall ist sicher ein solcher gewesen. Damit an die breite Öffentlichkeit zu gehen zählte unter anderem auch zu den angedachten Strategien von Herrn Traunspurger. Davon konnte ich ihm allerdings nur dringend abraten, denn das hätte zu diesem Zeitpunkt noch mehr Ärger bedeutet. Ich habe es noch nie erlebt, wirklich noch kein einziges Mal in zwanzig Jahren, dass eine Eskalation der Angelegenheit für den Bauherrn von irgendeinem Nutzen gewesen wäre. Und zum Glück sah das auch

Herr Traunspurger ein, obwohl ihm sein Bauchgefühl sicher etwas ganz anderes sagte.

Sein Schwager, Herr Meiereder, war da ganz anders gestrickt – die beiden wären nicht einmal als zweieiige Zwillinge durchgegangen. Als Banker sah er den Fall sachlich, kühl und abgeklärt. Ganz so emotionslos, wie er wirken wollte, war er zwar ebenfalls nicht – auch ihm gelang es nicht immer, seinen Ärger über die Baufirma und insbesondere den Bauleiter komplett zu unterdrücken –, doch er konzentrierte sich nicht auf einen Baublog oder andere Medien, sondern auf Zahlen. Damit kannte er sich schließlich aus. Und das war so beeindruckend wie hilfreich: Herr Meiereder hatte bereits bei unserem ersten Termin alle Zahlen parat, den Schadensersatz beziffert, den Zinsverlust, den Verzugsschaden und die Kosten für die Fahrten zum Kindergarten, die nun erforderlich wurden, da die Kinder schon im neuen Kindergarten angemeldet waren, man aber wegen des Schimmels nun über Monate noch nicht umziehen konnte. Da kam einiges zusammen.

Aber auch ohne die konkreten Zahlen war die rechtliche Situation und meine erste Aufgabe damit bereits klar beschrieben: den Schimmelschaden selbst sowie die daraus hervorgehenden Schadensersatzansprüche, Verzugsschäden und Nutzungsausfallschäden gegenüber der Baufirma geltend zu machen. Nachdem auch ich mir noch ein Bild von der Baustelle verschafft hatte, schickte ich Ende Februar ein erstes Schreiben an die Baufirma, in dem ich alle diese Stichworte anklingen ließ.

Prompt kam die Antwort der Baufirma: Man wolle sich gütlich einigen und sei bereit, das Dach zu entfernen, also beide Dächer, darüber hinaus würde man aber keinen Schadensersatz zahlen. Das war alles, was sie anboten.

Vielleicht war mein Brief nicht deutlich genug, vielleicht spielte Backes auf Zeit. Die Bauherren fanden die Antwort der Baufirma jedenfalls »ernüchternd«. Und das ist eine bodenlose Untertreibung für jeden, der die Baustelle mit eigenen Augen gesehen hat. Um in der Sache weiterzukommen, konnte meiner Meinung nach nur ein gemeinsamer Ortstermin der nächste Schritt sein.

Um die Sache zu beschleunigen, wollte ich auf jeden Fall auch die Gutachter beziehungsweise Sachverständigen auf der Baustelle mit dabeihaben. Ich kontaktierte deshalb sowohl den Schimmelexperten als auch den Sachverständigen der Gegenseite, Herrn Baumann. Letzteren kannte ich schon seit fast zwanzig Jahren, wir hatten bisher immer gemeinsam für private Bauherren gearbeitet, in diesem Fall war er nun also mal von der Gegenseite beauftragt. Einerseits hatte die Firma Backes mit ihm einen absolut erfahrenen Sachverständigen an ihrer Seite, andererseits war es natürlich gut, dass Herr Baumann die Sicht der Verbraucher in- und auswendig kannte, das war sicher nicht zu unserem Schaden. Ich hatte ihn als einen Gutachter kennengelernt, der nichts von übertriebenen Reaktionen hält und immer nach pragmatischen Lösungen sucht. »Die Kirche im Dorf lassen« ist so ein typischer Ausspruch von ihm, an den ich mich erinnere.

Doch schon im Vorfeld des Termins wurde mir klar, dass die beiden Sachverständigen in diesem Fall keine »ziemlich besten Freunde« mehr werden würden. Der Toxikologe wich keinen Deut von seinem Gutachten ab und wiederholte beim Vorgespräch am Telefon seine Forderung nach Abriss des Daches, Entfernen des gesamten Innenputzes und Herausschlagen des Estrichs. Dann sprach ich mit Herrn Baumann. Das Dach war nicht mehr zu retten, das sah auch er so. Dass in den beiden Häusern der Putz und der Estrich entfernt werden müsse, hielt er dagegen für reichlich übertrieben. Na, der Termin konnte ja lustig werden. Hoffentlich würde er am Ende wenigstens Klarheit schaffen.

Ein paar Tage später war es dann so weit, und es wurde einiges aufgeboten: vier Vertreter der Baufirma, die beiden Baufamilien, ein Vertreter der Versicherung, die beiden Sachverständigen und ich. Die ganze Kapelle sozusagen.

Wir begannen im Haus von Familie Traunspurger, und der erste Paukenschlag ließ nicht lange auf sich warten. Die Tür wurde aufgeschlossen, und sofort strömte uns ein stechender Schimmelgeruch in die Nase. »Das gesamte Haus muss betroffen sein«, sagte ich.

Betretenes Schweigen bei den Vertretern von Backes, denen weder der Geruch noch mein Satz entgangen war. Doch so schnell knickten sie nach diesem frühen Rückschlag natürlich nicht ein.

»Das sind doch alles nur Nebenkriegsschauplätze hier unten«, sagte der Bauleiter, der als Erster seine Sprache wiederfand. Es gehe doch nur um das Dach, alle anderen Diskussionen seien komplett unnötig. Er drängte darauf, sofort nach oben zu gehen. Auch die Gegenseite hatte sich im Vorfeld selbstverständlich abgesprochen, und ihre Marschroute, nur das Dach zurückzubauen und sonst nichts, war von Anfang an eindeutig. Sie gaben sich hart und wollten uns damit spüren lassen, dass sie keine weiteren Zugeständnisse machen wollten. Doch auch wir waren gut vorbereitet.

Der bisher eher ruhige Bauherr Meiereder zeigte dem Tross in jedem Raum ein Schimmelfeld nach dem anderen, im Putz, unter dem Estrich, am Holz der Dachbalken. Mit stoischer Ruhe übersah er nichts und ließ sich versichern, dass auch jeder Teilnehmer alle Stellen gesehen hatte. Nüchtern und sachlich, ganz Faktenmensch. Nach einiger Zeit fingen einige an zu husten, was nicht nur für den Toxikologen ein klares Anzeichen dafür war, dass wir den erheblichen Schimmel bereits nach kurzer Zeit am eigenen Leib zu spüren bekommen hatten. Das Ausmaß des Problems schien wesentlich größer, als es der Baufirma bis zu diesem Termin bewusst gewesen war. Vor allem der Bauleiter, auf dessen Versäumnisse der ganze Schaden zurückgeführt werden musste, wurde zunehmend kleinlaut und verstummte schließlich ganz, als Herr Meiereder uns allen im Keller auch noch in der Wand eingeputzte Zigarettenstummel zeigte. Doch die waren dann tatsächlich fast schon ein »Nebenkriegsschauplatz«, so eindeutig zeigte sich der katastrophale Gesamtzustand.

Hörbar ruhiger betraten wir kurz darauf das zweite Haus, wo uns das gleiche Debakel erwartete. Wären die Zigarettenstummel nicht gewesen, man hätte meinen können, doppelt zu sehen. Doch auch ohne Déjà-vu hatten sich alle Beteiligten davon überzeugen können, dass der Schimmel nicht nur aus dem Dach, sondern auch aus dem Putz und dem Estrich entfernt werden musste. Der Rückbau war zwingend erforderlich. Das hatte der Ortstermin mehr als klargemacht. Sollte man meinen.

Doch für unsere Gegenseite war die zweieinhalbstündige Begehung der beiden Schimmelhäuser nicht etwa ein trauriger Schlussakkord, sondern der Auftakt zu harten Verhandlungen. Vielleicht dachten sie: Wenn man eh nichts mehr zu verlieren hat, kann man es ja mal versuchen. Und man muss sagen, dass man ihnen zumindest eine gewisse Kreativität nicht abschreiben kann. Zum Beispiel versuchten sie uns weiszumachen, dass man bei einem Rückbau keinen Schadensersatz zahlen müsse, denn dann wäre der Schaden ja behoben. Auf Spitzfindigkeiten dieser Art wollten sich meine Mandanten nach all dem Ärger aber verständlicherweise gar nicht erst einlassen, und zum Glück ließen sie sich auch von anderen Versuchen nicht locken. Wir machten der Gegenseite stattdessen deutlich, dass der Schadensersatzanspruch und die Verzugsschäden wegen der langwierigen Arbeiten, die nun notwendig waren, mit jedem zusätzlichen Tag nur noch höher würden. Um es mal zu beziffern: Neben den Kosten der Mängelbeseitigung, die etwa bei 50 000 Euro lagen, sprachen wir zusätzlich über rund 45 000 Euro. Und dann kam noch der merkantile Minderwert hinzu, denn dem Haus haftete nun ein Makel an. Jeder im Ort wusste von den Schimmelhäusern, jeder sprach davon, und diesen Ruf würden die Häuser auch in der Zukunft nicht verlieren. Darüber würde auf jeden Fall zu sprechen sein. Insgesamt veranschlagten wir den Schaden mit rund 130 000 Euro. Und das pro Haus, insgesamt also rund 260 000 Euro. Für einen vermeidbaren Fehler ein gewaltiger Betrag. Falsches Lüften für über eine viertel Million.

Ob wir eine so hohe Summe komplett durchsetzen konnten, war natürlich fraglich. Viele Bauunternehmer gehen im Zweifel lieber in die Insolvenz. Doch dafür kannte ich die Firma Backes zu gut, so schätzte ich sie wirklich nicht ein. Wichtiger als das Durchsetzen der kompletten Schadenssumme war aber zunächst einmal, dass die Sanierung der Häuser schnell und gründlich in Angriff genommen wurde. Alles Weitere konnten wir im Notfall auch später klären. Und zum Glück kam die Baufirma dank des vielen Geldes, das auf dem Spiel stand, tatsächlich schnell in die Gänge. Sie versprach, die Sanierung innerhalb von fünf Wochen abzuschließen, und legte auch wirklich direkt mit dem Abriss des Daches los.

Für die Baufirma stand nämlich nicht nur viel Geld auf dem Spiel, sondern vor allem auch ihr guter Ruf, den sie sich über Jahre und Jahrzehnte erarbeitet hatte. Wäre er erst einmal ruiniert, läge der Schaden wesentlich höher als bei einer viertel Million. Backes war es daher wichtig, dass wir uns im Gegenzug dazu verpflichteten, die Presse nicht einzuschalten und den Fall auch anderweitig nicht öffentlich zu machen, Stichwort Blog und Ähnliches. Dafür hatten die Bauherren Verständnis und versicherten, dass sie nichts dergleichen unternehmen würden. Doch auch sie konnten nicht verhindern, dass der Fall einer breiteren Öffentlichkeit bekannt wurde. Allein der Rückbau der beiden Hausdächer, der sich über mehrere Tage hinzog, wurde zu einer ungewollten Attraktion, die zahlreiche Schaulustige in das Neubaugebiet lockte. Und auch die Männer, die zur Schimmelbeseitigung in weißen Schutzanzügen die Häuser betraten, entgingen den neugierigen Blicken nicht. Auch für die Bauherren war die Aufmerksamkeit natürlich unangenehm, aber nach der ganzen Vorgeschichte ließ sich so etwas nur schwer vermeiden. Da hieß es dann einfach: Augen zu und durch.

Beziehungsweise Augen auf und durch: Herr Traunspurger dokumentierte in den nächsten Wochen mit zahlreichen Fotos den Rückbau und die Schimmelentsorgung, und noch im April waren die Mängel dann tatsächlich vollständig beseitigt. Auf der Baustelle herrschte nun also Klarheit – bei den Kosten waren wir uns dagegen noch immer nicht einig geworden.

Ich erhielt ein Schreiben von einem Anwalt, den die Baufirma inzwischen eingeschaltet hatte. Bis zum Ortstermin hatte die Firma die Sache selbst in die Hand genommen, nach dem Fiasko schickte sie nun also einen jungen Anwalt aus einer großen Kanzlei ins Rennen. Der schrieb mir, dass nun alle Mängel beseitigt seien und die Angelegenheit für seine Mandantschaft somit erledigt. Von Schadensersatzansprüchen wieder keine Rede. Ich hatte das Gefühl, dass sich trotz des Ortstermins nur das Briefpapier geändert hatte. Das ließ ich nicht unkommentiert und schilderte dem Kollegen, dass wir uns damit selbstverständlich nicht einverstanden erklären würden. Notfalls auch auf dem Rechtsweg.

Wie Sie inzwischen wissen, ist der Rechtsweg normalerweise so ziemlich das Letzte, was ich meinen Mandanten empfehle. Er dauert ewig, strapaziert die Nerven und das Privatleben der Bauherren, kostet ein Vermögen und bringt nur selten einen positiven Ausgang. Ich brachte deshalb auch in diesem Fall nochmals eine Besprechung am runden Tisch ins Spiel. Nach einigen umfangreichen Schriftsätzen und mehreren Telefonaten mit dem jungen Kollegen gelang es mir schließlich, beide Parteien noch einmal zu einem gemeinsamen Termin zu bewegen. Auf ein Gerichtsverfahren hatte auch Backes offenbar nur wenig Lust.

Nach der doppelten Baustellenbegehung im März und den zügigen Sanierungsarbeiten im April sahen wir uns schließlich im Mai wieder. Nicht zuletzt aus psychologischen Gründen hatte ich für die Besprechung in mein Büro geladen, die Gegenseite sollte ruhig das Gefühl haben, sich in die Höhle der Löwin begeben zu müssen. Aber nicht nur deshalb liebe ich solche Termine. Es ist einfach immer wieder sehr spannend zu sehen, wie stark sie von der Psychologie und wie vergleichsweise wenig von der rechtlichen Situation bestimmt werden. Mehr als viele Menschen (und auch viele Juristen!) meinen, kommt es darauf an, den Gegner menschlich für sich zu gewinnen, um auch in der Sache gewinnen zu können. Nur wenn das gelingt, kann man sich mit seinen Argumenten so weit wie möglich auch durchsetzen. In kleinen Dingen nachgeben, um in den großen Dingen zum Ziel zu kommen, das ist mein Motto.

Mir ist es deshalb wichtig, dass während dieser Termine das »Setting« absolut stimmt. Das fängt bei der Begrüßung der Gäste durch mein Kanzleiteam an, geht weiter über scheinbare Nebensächlichkeiten wie die richtigen Getränke, das richtige Licht, die richtige Sitzordnung, kurz: Rahmen und Atmosphäre müssen einfach passen. Um eine konstruktive Lösung zu finden, muss zum Beispiel die Sitzordnung eine Auseinandersetzung auf Augenhöhe ermöglichen, weshalb ich mich bei dem Termin mit Firma Backes tatsächlich für den sprichwörtlichen runden Tisch entschied.

Am Besprechungstag schien sogar die Sonne, so dass die Gesprächspartner gut gelaunt den Raum betraten. Die äußeren Voraussetzungen waren also schon einmal durchweg positiv, doch das allein reicht natürlich nicht für eine erfolgreiche Verhandlung. Auch meine Mandanten mussten sehr genau auf diesen Termin vorbereitet werden. Wie schon bei der Ortsbegehung hatte ich Herrn Meiereder dafür stark mit eingebunden. Er hatte sich bereit erklärt, eine Excel-Tabelle als Tischvorlage zu erstellen, in der die Ansprüche auf den Tag und Cent genau ausgerechnet waren. Die Zahlen sprachen ihre ganz eigene Sprache, außerdem kann mit so einer Tischvorlage die ganze Gesprächsstruktur vorgegeben werden. Jeder hat Punkt für Punkt alles vor sich, es ist so, als ob man für den Termin Regieanweisungen verteilt, ohne dass es allen am Tisch sofort bewusst wird. Wir waren also sehr gut vorbereitet und für die Verhandlungen in jeder Hinsicht gerüstet.

Der junge Kollege auf der Gegenseite war ebenfalls gut vorbereitet, hatte den Fall ausführlich studiert, wie ich schnell merkte. Doch er war aufgeregt, was man an seinen schwitzenden Händen leicht erkennen konnte. Er hinterließ Abdrücke auf dem blankpolierten Tisch. Doch statt ihn darauf anzusprechen, was nur die Stimmung getrübt hätte, stellte ich viele Fragen und ließ auch alle anderen ausreichend zu Wort kommen. Zuhören ist das A und O in solchen Verhandlungen. Ich fragte viel, immer interessiert und ohne negative Emotionen, und ließ die Gegenseite dann in Ruhe ausreden. Wer fragt, führt – an dieser alten Weisheit ist einfach viel dran.

Doch alles Fragen half uns irgendwann nicht mehr richtig weiter. Nach etwa zwei Stunden kamen wir ins Stocken, vor allem beim merkantilen Minderwert und der Höhe der Verzugsschäden war kein Konsens zu finden. Es sah zwischenzeitlich so aus, als müssten wir die streitigen Positionen am Ende doch noch vor Gericht ausfechten.

Wir machten eine Pause, und ich schlug vor, dass die Bauherren jeweils ein persönliches Gespräch mit dem Geschäftsführer unter vier Augen führen sollten, ohne die Anwälte und die andere Partei. Nach einer Stunde ging es dann noch einmal in großer Runde weiter. Und die Unterbrechung zeigte Wirkung. Wir schafften im letzten Anlauf tatsächlich eine Annäherung und gingen mit einer klaren Erklärung beider Seiten auseinander: Um einen Rechtstreit zu vermeiden, sollte eine pauschale Abgeltung für die entstandenen Schäden gezahlt werden, und der junge Kollege versprach, einen Vorschlag seiner Partei zu unterbreiten. Außerdem wurde vereinbart, dass die Bauherren im Juli endlich in ihre Häuser einziehen könnten. Nicht nur die Strapazen des dreistündigen Verhandlungsmarathons, auch der Frust der letzten Monate waren am Ende des Tages schon fast vergessen.

Ein paar Wochen später stand dann das endgültige Angebot der Baufirma fest, und das stimmte die Bauherren schließlich doch noch versöhnlich. Mit fast allen Forderungen hatten wir uns am Ende durchsetzen können: Die Baufirma übernahm die Vertragsstrafe, die Verzugsschäden, die Bereitstellungszinsen, den merkantilen Minderwert und die Anwaltskosten beider Baufamilien. Selbst für die Fahrtkosten zum Kindergarten kamen sie auf.

Wie sich herausstellte, war der Bauleiter der Firma Backes extern engagiert gewesen und besaß daher auch eine eigene Haftpflichtversicherung. Vermutlich hatte die Baufirma mit dem Versicherer nun eine Lösung gefunden. Jedenfalls war es der Baufirma möglich, ihren Teil an dem riesigen Schaden zu stemmen, für die Folgeschäden aus dem Bauaufsichtsfehler des Bauleiters musste die Versicherung aufkommen. Und die geht zum Glück nicht so schnell in die Insolvenz wie viele kleinere Unternehmen.

Ob nun dank Haftpflichtversicherung oder ausreichender Rücklagen der Baufirma: Die Bauherren waren am Ende heilfroh, dass sie weder auf einem Schaden noch auf Schulden und schon gar nicht auf dem Schimmel sitzenbleiben mussten. Im Gegenteil, beide Familien zogen im Sommer glücklich in ihre neuen Häuser ein und waren einfach nur dankbar, dass sie trotz der Widrigkeiten während der zweiten Bauphase am Ende eine konstruktive Lösung mit der Baufirma gefunden hatten. Genau genommen waren sie natürlich doppelt glücklich – wie es sich für Zwillinge gehört.

»Damit hab ich nichts
zu tun, die Firma
gibt's nicht mehr«

Verantwortungslosigkeit leicht gemacht

Bereits seit über sechs Jahren kämpfte Familie Brixner. Sie kämpfte um ihr Haus, und sie kämpfte darum, sich irgendwie über Wasser zu halten, finanziell und psychisch. Beim Hausbau gibt es so etwas wie ein »verflixtes siebtes Jahr« zwar nicht, nicht einmal der Legende nach, trotzdem drohte den Brixners genau jetzt die Luft endgültig auszugehen. Kurz bevor es so weit war, wandten sie sich an mich und baten um Unterstützung in ihrem verzweifelten Kampf um das, was sie selbst einfach nur »ein kleines bisschen Gerechtigkeit« nannten.

Bianca und Bernd waren Anfang vierzig, ihr Sohn Benjamin war seit kurzem stolzer Erstklässler. Als die Erzieherin und der Teamleiter bei einem Kfz-Zulieferer, die beide aus Dortmund stammten, zum ersten Mal über den Bau eines gemeinsamen Hauses nachdachten, waren sie Mitte dreißig und Bianca gerade erst schwanger – eine typische junge Baufamilie, die wie Tausende andere den Traum vom eigenen Haus träumte.

Wie oft die Brixners seither nachts schweißgebadet aufgewacht waren, konnten sie schon gar nicht mehr zählen – ihr Haus jedenfalls wurde einfach nicht fertig. Nach so langer

Zeit immer noch mit einer Baustelle leben zu müssen, damit hatten sie nie gerechnet, obwohl ihnen eines von Anfang an klar gewesen war: »Wenn wir unseren Traum verwirklichen wollen, müssen wir kräftig mit anpacken.«

Die Bauzinsen waren damals zwar verlockend niedrig gewesen, mit kaum Rücklagen hatten sie sich aber für ein möglichst kostengünstiges Eigenheim entschieden. Bernd war handwerklich begabt, er traute sich eine Menge zu und wollte am liebsten selbst mitbauen, um so viel wie nur möglich in Eigenleistung zu stemmen.

Auf der Suche nach einer passenden Baufirma stießen die beiden auf den Hersteller Bousillage. In einer TV-Sendung sahen sie zum ersten Mal ein Haus dieses französischen Anbieters, und beide glaubten sofort, den richtigen Baupartner gefunden zu haben. Also kontaktierten sie Thomas Rottländer, den deutschen Außendienstmitarbeiter von Bousillage. Der klang freundlich und hilfsbereit und berichtete den beiden, dass er in Kooperation mit dem deutschen Bauunternehmen Linkmichel-Immobilien GmbH bereits seit mehr als zwanzig Jahren erfolgreich sogenannte Mitbauhäuser von Bousillage anbiete. Das waren die Häuser, die Brixners aus dem Fernsehen kannten. Thomas Rottländer bot seinen interessierten Anrufern an, sich doch einfach mal eine Baustelle des Herstellers in Köln anzusehen. Gute Idee, fand Bernd Brixner und fuhr kurzerhand mit seinem Vater in die Domstadt. Was sie dort sahen, wirkte auf ihn ein bisschen wie ein großes »Lego-Stecksystem«, wie er mir berichtete. Er war begeistert von der scheinbar »kinderleichten« Idee und schnell davon überzeugt, dass diese kostengünstige Art des Bauens genau das Richtige für die Brixners sei.

Die Mutterfirma sitzt zwar in Frankreich, aber der Subunternehmer ist in der Nähe der Baustelle der Brixners ansässig. Den trafen sie als Nächstes, und auch Uwe Linkmichel präsentierte sich sehr freundlich und vertrauenswürdig. Vor allem aber machte er ihnen ein Angebot nach ihrem Geschmack: Dank der umfangreichen Eigenleistungen sollte das Haus nur 145 000 Euro kosten. Dafür sollten die Brixners zwar bereits beim Rohbau mitwirken und außerdem die komplette Sanitär- und Elektroinstallation sowie alle Wand- und Bodenbeläge eigenhändig übernehmen, aber trotzdem dachte allen voran Bernd Brixner: »Passt doch prima, am eigenen Haus mitbauen und dadurch gutes Geld sparen, so habe ich mir das immer vorgestellt.« Mit seiner Begeisterung überzeugte er auch seine schwangere Frau, und so entschieden sich die beiden für das Angebot von Rottländer und Bousillage.

Und schon bald darauf begann für die Brixners ein Jahr voller Vorfreude. Sie unterschrieben Anfang Januar 2010 den Vertrag, Baubeginn im Februar, und Bauunternehmer Linkmichel versprach ihnen: »Zu Weihnachten sind Sie drin!« Die Vorstellung, das Weihnachtsfest gemeinsam mit ihrem ersten Kind in den eigenen vier Wänden feiern zu können, beflügelte die Euphorie der jungen Baufamilie.

Die Zusammenarbeit auf der Baustelle begann vielversprechend. Bauunternehmer Uwe Linkmichel hatte persönlich die Bauleitung übernommen und war als Ansprechpartner für die Brixners jederzeit erreichbar. Alle Lieferungen zu den einzelnen Gewerken erfolgten pünktlich, die Bauabschnitte verliefen weitgehend planmäßig, und nach vier Monaten stand der Rohbau. Nur bei der Kostenkalkulation fürs Ausbetonieren der Styropor-Schalungen hatte sich Linkmichel »leicht vertan« – doch die zusätzlichen 10 000 Euro konnten die Brixners gerade noch verschmerzen, weil die

Eltern finanziell einsprangen. Alles kein Grund zur Beunruhigung, dachte sich Bernd Brixner, das kann schnell mal passieren, insgesamt läuft doch alles ganz gut. Und bis zur Erstellung des Dachstuhls lief der Bau tatsächlich reibungslos weiter.

Doch dann kam es knüppeldick. Erst warteten die Brixners zehn Wochen auf den Dachstuhl, mahnten diesen mehrfach erfolglos an. Schließlich wurde ohne weitere Ankündigung ein völlig anderer Dachstuhl aufgebaut als ursprünglich vorgesehen. Die Brixners konnten nicht nachvollziehen, wieso Linkmichel den Fehler nicht eingestehen und beheben wollte. Notgedrungen schalteten sie einen Sachverständigen ein. Dessen Gutachten, das die fehlerhaften Arbeiten hinsichtlich Höhe und Statik belegte, wurde vom Bauunternehmer aber einfach ignoriert. Von der guten Zusammenarbeit bis zur Fertigstellung des Rohbaus war auf einen Schlag nichts mehr zu spüren. Linkmichel zog den Verputzer von der Baustelle ab, angeblich bereits bestellte Fenster, Türen und die Treppe wurden nicht mehr geliefert. Der Bau geriet ins Stocken. Für die Brixners war Linkmichel kaum noch zu sprechen, er ging nicht ans Telefon und rief sie auch nicht zurück. Als sie daraufhin die vorab überwiesenen Abschläge wegen nicht erbrachter Leistungen schriftlich zurückforderten, passierte gar nichts mehr. Innerhalb weniger Wochen wurde aus der Vorfreude auf das schönste Jahr ihres Lebens die Angst vor dem finanziellen Crash.

Und leider bestätigte sich diese Angst sehr bald. Die Linkmichel-Immobilien GmbH ging ein paar Tage später in die Insolvenz und hinterließ ein unfertiges Haus mit erheblichen Baumängeln. Auf sämtliche Nachfragen der Brixners antwortete Uwe Linkmichel seinem völlig überrumpelten Vertragspartner schließlich: »Damit hab ich nichts zu tun, die

Firma gibt's nicht mehr.« Nichts zu holen – Ende der Diskussion.

Bianca und Bernd waren verzweifelt und mit der neuen Situation komplett überfordert. Statt eines fertigen Hauses besaßen sie nun einen Rohbau mit einem bezahlten, aber nutzlosen Dach und waren von einem zahlungsunfähigen Unternehmer mit ihren Problemen sitzengelassen worden. Sie standen vor einer wichtigen Entscheidung und hatten das Gefühl, nichts richtig machen zu können: Geben wir unser restliches Geld für Anwalts- und Gerichtskosten aus oder stecken wir es lieber ins Haus? Nachdem ihnen schon das Gutachten des Sachverständigen nicht wirklich weiterhelfen konnte, entschieden sie sich für Letzteres.

Ob diese Entscheidung nun richtig oder falsch war, spielt für mich gar nicht die wichtigste Rolle. Was mich am allermeisten ärgert, ist mal wieder die Tatsache, dass der Gesetzgeber Menschen wie die Brixners in Situationen wie diesen alleine im Regen stehen lässt. Und das nur, weil er Unternehmer vom Schlage eines Linkmichels ungeschoren davonkommen lässt. Das ist mir nicht nur ein Rätsel, es ist in meinen Augen eine schreiende Ungerechtigkeit. Doch schauen wir uns erst einmal an, wie es mit den Brixners weiterging.

Die finanzielle Situation war, wie gesagt, mehr als angespannt. Von Bauunternehmern und ihren vollmundigen Versprechen hatten die Brixners auch erst einmal genug, also entschieden sie sich dafür, in Eigenregie weiterzumachen, so gut es eben ging. Doch was eine Flucht nach vorne werden sollte, führte die ganze Familie nur immer weiter an den Abgrund und liest sich wie ein Horrormärchen. Der verzweifelte Versuch, das Haus in ihrer knapp bemessenen Freizeit selbst fertigzubauen, wurde zum Teufelskreis, aus dem es kein Entrinnen mehr gab. Einerseits mussten Bianca und Bernd jede Chance auf Überstunden in ihren Jobs nutzen, um das geschröpfte Baubudget aufzubessern. Andererseits fehlte dann die Zeit, um auf der Baustelle voranzukommen. Es war wie eine viel zu kleine Bettdecke in einer immer kälter werdenden Nacht. Und dann kam das Baby.

Doch obwohl sie jeden Cent zusammenkratzten, den sie irgendwie erübrigen konnten, kamen sie weder auf der Baustelle richtig voran noch aus der finanziellen Schieflage heraus. Ihre »Rettungsaktionen« wurden immer verzweifelter: Bernd Brixner verkaufte sein Auto, um die laufenden Rechnungen bezahlen zu können. Doch auch das reichte nicht, um weiterbauen zu können. Als Benjamin drei Jahre alt war, zogen sie schließlich auf der Baustelle ein. Zu diesem Zeitpunkt war diese im Grunde immer noch ein Rohbau – mit Dixi-Klo statt Bad und Strom vom Bauanschluss. Zum Baden und Duschen ging die Familie ins Schwimmbad.

Trotz aller Anstrengungen wurde bis auf das Kinderzimmer kein Raum vollständig fertig, alles blieb Baustelle, seit über sechs Jahren mittlerweile. Bis heute.

An ein geplantes zweites Kind war unter diesen Umständen auch nicht zu denken. Und der stolze Erstklässler Benjamin war manchmal alles andere als stolz, denn im Vergleich zu seinen Mitschülern merkte er immer öfter, dass es anderen Familien besser ging. Kinder können untereinander nun einmal knallhart sein, da machte sich Bianca als Erzieherin nichts vor. Sie konnte nur hoffen, dass solche Erfahrungen die eh schon schwierige Familiensituation nicht noch weiter belasten würden. Auch so gab es genug Probleme, vor allem wollte sie gerne mehr Zeit für ihren Sohn haben, doch Bianca und Bernd pendelten weiterhin zwischen Überstunden auf der Arbeit und der Baustelle hin und her. Zum Glück sprang bei der Betreuung von Benjamin oft Bernds Mutter ein, und sein Vater nutzte jede freie Minute, um mit Bernd am Haus weiterzuarbeiten. Ohne die Unterstützung der Großeltern wären sie wahrscheinlich schon längst untergegangen. Diese waren es auch, die ihr eigenes Haus als Sicherheit stellten, um einen weiteren Kredit zu ermöglichen. Doch jetzt liefen alle schon viel zu lange an der Grenze der Belastbarkeit, das Limit war erreicht.

Im Herbst 2014 versuchte Bernd Brixner dann doch noch, juristische Schritte gegen Uwe Linkmichel einzuleiten. Wohl mehr aus Verzweiflung als aus Überzeugung. Er wollte es zumindest versucht haben, gab er zu. Bei der Staatsanwaltschaft Frankfurt am Main stellte er eine »Verdachtsanzeige wegen Betrugs und Insolvenzverschleppung der Firma Linkmichel-Immobilien«. Die zuständige Staatsanwaltschaft ermittelte in dem Fall, doch die Aussichten auf Erfolg waren wohl eher schlecht. Zumindest gab es kein Ergebnis, das den Brixners weitergeholfen hätte.

Wenige Wochen nach der Verdachtsanzeige kam es dann per Zufall zu einem letzten Aufbäumen gegen den Bauunternehmer: Beim Zappen durch die Fernsehkanäle sahen mich die Brixners in einer *Bauretter*-Folge, googelten meine Kanzlei und baten am nächsten Morgen telefonisch um Hilfe.

Nachdem mir die Familie ihre Notlage geschildert hatte, machte ich mich umgehend daran, die Informationen zu Linkmichel zu überprüfen. Nach allem, was ich zu diesem Zeitpunkt wusste, konnte ich den Brixners allerdings auch keine allzu großen Hoffnungen machen. Fast schon routiniert-resigniert nahmen sie meine Reaktion auf.

Doch welch Wunder: Wie ich ohne größeren Aufwand schnell herausfand, hatte Uwe Linkmichel nur wenige Wochen nach der Insolvenz seiner Linkmichel-Immobilien

GmbH einfach mit einer anderen Firma weitergemacht: der ULI-Haus GmbH & Co. KG. Einen verdächtigen Hinweis lieferte zudem sein Internetauftritt: Die Website *linkmichel-immobilien.de* bestand unverändert, nur im Impressum wurde jetzt das andere Unternehmen genannt. War das nur Schlamperei oder schon ein bisschen mehr? Ein belastbarer Beweis war es sicher noch nicht, aber möglicherweise ein hilfreiches Indiz.

Ich forschte weiter, doch es wurde schnell unübersichtlich. Das auf Uwe Linkmichel angemeldete Unternehmen ULI-Haus GmbH & Co. KG hatte inzwischen ebenfalls Insolvenz angemeldet, dafür schien der Mann unverändert – oder wieder – unter Linkmichel-Immobilien als Bauunternehmer tätig zu sein, und das auch noch im selben Ort und unter derselben Adresse wie damals als Vertragspartner der Brixners. Das konnte doch kein Zufall sein! Also beschloss ich spontan, Lockvogel zu spielen. Mit einem Testanruf als »interessierte Bauherrin« wollte ich in Erfahrung bringen, ob es sich um ein und denselben Mann handelte und ob er tatsächlich immer noch in der Baubranche arbeitete. Sollte sich beides bestätigen, würde ich ihn mit dem Sachverhalt der Brixners konfrontieren.

Ich wählte die Nummer, und Uwe Linkmichel meldete sich persönlich. Er war in Eile, und so erfuhr ich nicht sehr viel, doch wir vereinbarten einen Beratungstermin in seinem Büro. Umso besser.

Linkmichels Büro befand sich im Untergeschoss seines Wohnhauses. Der Termin wurde zur Farce. Kaum hatte er mich fahrig begrüßt, erzählte er mir lang und breit, wie schlimm es sei, mit einem unzuverlässigen Partner zu bauen, und dass es mir bei ihm sicher nicht so ergehen würde. Er schwafelte und schwafelte und hörte nicht auf, sich selbst anzupreisen. Mir kam fast die Galle hoch, doch ich versuchte, mir nichts anmerken zu lassen. Linkmichel machte unbeirrt weiter mit seinem Bauerntheater und behauptete, er sei zuverlässig und kompetent und schon seit Jahren erfolgreich im Geschäft. Wahrscheinlich arbeitest du deshalb auch in diesem dunklen Kellerloch, dachte ich mir – zugegeben, nicht ganz frei von Zynismus.

So ein unfassbarer Lackaffe! Da brauchte es keine großartige Analyse, ich hatte leider schon zu viele Betrüger im Baugewerbe kennenlernen »dürfen«. Nach der ganzen Vorgeschichte und diesem schäbigen Auftritt war ich mir sicher: Dieser Mann war schon viel zu lange auf dem Markt tätig und brachte gutgläubige Bauherren um ihr gutes Geld. Und immer, wenn es unangenehm wird, verschwindet er wieder von der Bildfläche. Er wusste um die Lücken im deutschen Gesetz bezüglich der Rechtsnachfolge einer GmbH und dem Problem der Haftungsübernahme. Wenn er in irgendetwas Kompetenz vorweisen konnte, dann darin, diese Schlupflöcher »erfolgreich« für sich zu nutzen. Die Brixners waren sicher nicht die Einzigen, die dafür zahlen mussten.

Als ich mich wieder auf den Nachhauseweg machte, war ich zwar etwas schlauer, aber gleichzeitig auch frustriert. Linkmichels Büro befand sich zwar in einem recht schattigen Untergeschoss, was ich für einen Bauunternehmer wenig repräsentativ finde, aber das konnte er natürlich machen, wie er es für richtig hielt. Viel interessanter fand ich, was ich im Gespräch herausgefunden hatte: Ihm gehörte auch noch das ganze Einfamilienhaus oben drüber, und das war alles andere als eine Bruchbude. Mit anderen Worten: Er hatte erhebliche Geldwerte. Warum kam man dann an einen Menschen, der systematisch andere ausnutzte und immer wieder mit neuen Firmen weitermachte, nicht heran und bat ihn zur Kasse?

Mein Bauch und meine Erfahrung sagten mir, dass es bei dem aktuell immer noch gültigen Gesetzestext schwer werden würde, einen Betrüger wie Linkmichel zu fassen zu kriegen. Nichtsdestotrotz machte ich mit meiner Recherche natürlich weiter, vielleicht war Linkmichel ja doch noch ein Fehler unterlaufen, mit dem ich ihn festnageln konnte.

Von der zuständigen Ordnungsbehörde in Frankfurt erfuhr ich, dass Linkmichel nach wie vor als »zuverlässig im Sinne des § 34 Gewerbeordnung« gelistet war und sich die Behörden über etwaige Insolvenzen untereinander nur sporadisch informierten. Auch das war nicht gerade motivierend – um nicht zu sagen, es war unglaublich! –, aber immerhin war die Behörde sehr dankbar, dass ich sie über die Aktenzeichen der laufenden Insolvenzverfahren von Linkmichel informieren konnte. Er wurde noch am selben Tag aus der Liste der zuverlässigen Personen nach § 34 der Gewerbeordnung gestrichen. Damit ließ sich hoffentlich zukünftiges Leid verhindern, vergangenes wiedergutmachen konnte man damit nicht.

Ich suchte weiter. Als Geschäftsführerin von Linkmichel-Immobilien fungierte offiziell die Ehefrau von Uwe Linkmichel – doch Marion Linkmichel war allenfalls eine »Strohfrau«. Sie trat nie als handelnde Person in Erscheinung. Alle Verträge der Brixners waren nur mit »Linkmichel« unterzeichnet, so dass für die Bauherren nie ersichtlich war, welcher Namensträger da genau unterschrieben hatte. Ein weiteres Indiz, das für unsauberes Geschäftsgebaren spricht – was mir aber auch nicht wirklich weiterhalf.

Dann stellte sich heraus, dass nicht nur zwei Firmen von Uwe Linkmichel in die Insolvenz gegangen waren. Neben der

Linkmichel-Immobilien und der ULI Haus hatte es auch die ULI Verwaltungs-GmbH erwischt. Insgesamt ließen sich mindestens sechs Unternehmen aus der Immobilienbranche mit Linkmichel in Verbindung bringen, die inzwischen nicht mehr existierten. Ich überprüfte, inwieweit Linkmichel vor diesem Hintergrund doch noch rechtlich belangt werden konnte und ob es sich hier möglicherweise um Insolvenzverschleppung beziehungsweise Insolvenzbetrug handelte. Es sprach in meinen Augen vieles dafür, genauso wie vieles dafür sprach, dass Uwe Linkmichel im Rahmen des Bauvorhabens der Brixners straffällig geworden war, insbesondere weil er erhebliche Geldbeträge für nie erbrachte Gewerke bekommen hatte. Besonders offensichtlich war das bei den von den Bauherren schon bezahlten Fenstern: Linkmichel hatte Kontakt zu einem polnischen Fensterbauer und vermittelte gegenüber Brixner den Eindruck, dass die Fenster bereits bestellt seien – das stellte sich später als falsch heraus. Doch hieb- und stichfest beweisen ließ es sich trotz erdrückender Indizienlage nicht. Es war zum Verrücktwerden. Die entscheidenden Paragraphen im Handelsgesetzbuch ließen Linkmichel immer wieder den Kopf aus der Schlinge ziehen, ich konnte ihn immer noch nicht haftbar machen.

Dann führte eine Spur nach Frankreich. Trotz Insolvenz existierte ja die Homepage von Linkmichel-Immobilien weiter wie gehabt. Nachdem mit der ULI-Haus GmbH & Co. KG die nächste Firma nach Insolvenz aufgelöst worden war, führte deren Homepage jedoch direkt zu Bousillage, dem französischen Hersteller des Mitmachhauses, für das sich die Brixners entschieden hatten. Als Domain-Inhaber war nach wie vor Uwe Linkmichel eingetragen, auch das schien zumindest seltsam. Und dann erhielt ich nach meiner fingierten Anfrage auch noch eine E-Mail von Uwe Linkmichel von einer

Firmenadresse: *uwe.linkmichel@bousillage.de*. Das war ein Ding!

Bei unserem Gespräch hatte ich diesem Verdacht nicht offensiv nachgehen können, ohne Gefahr zu laufen, enttarnt zu werden. Er war womöglich ein Lügner und Betrüger, aber mir war natürlich klar: Man kommt nicht so lange mit diesen Machenschaften durch, wenn man sich komplett verblödet anstellt. Da muss man schon vorsichtig sein, sonst fliegt man irgendwann auf. Ich musste also meinerseits sehr aufpassen, dass ich keine schlafenden Hunde weckte, und durfte mich nicht zu auffällig für Fragen interessieren, die mich eigentlich nichts angehen konnten. Doch nun bestätigte sich allein durch den Absender das, was sich bei dem Termin bereits angedeutet hatte: Linkmichel war inzwischen bei Bousillage angestellt. Nach außen trat er also nicht mehr als selbständiger Handelsvertreter auf, sondern als Mitarbeiter einer großen Firma. Gleichzeitig schien er trotzdem noch auf eigene Rechnung im Geschäft zu sein, vermutete ich, schließlich hatte er auf meine Anfrage, bei der ich ein Bauunternehmen für die Realisierung eines privaten Einfamilienhauses gesucht habe, prompt reagiert. Für mich stand fest: Linkmichel war nach wie vor in der Baubranche tätig! Er arbeitete unverändert vom Büro im Untergeschoss seines Wohnhauses aus, in dem er mich empfangen hatte. Damit konfrontierte ich ihn nun, ich ließ also die Maske fallen und sprach natürlich auch all die anderen Indizien offen an, um ihm deutlich zu machen, dass sein böses Spiel nun endlich aufgeflogen war.

Doch Linkmichel ließ sich nichts entlocken, was ihn endgültig entlarven und überführen würde. Er gab nichts zu, stritt jegliche Verantwortung ab und versteckte sich weiterhin geschickt hinter seiner französischen Fassade in den Schlupflöchern des HGB. Angesprochen auf seine offiziell insolvente Firma, bekam ich dasselbe zu hören wie die Brixners damals: »Damit hab ich nichts zu tun, die Firma gibt's nicht mehr.« Es war zum Haareraufen, aber ich kam zivilrechtlich leider keinen Schritt weiter.

Also kontaktierte ich nun den Außendienstmitarbeiter Thomas Rottländer, der den Brixners vor über sechs Jahren das Unternehmen Linkmichel-Immobilien empfohlen hatte. Auch Bernd Brixner hatte ihn bereits während des Ärgers mit dem Dach und in den Wochen danach auf die Probleme mit Linkmichel angesprochen, war aber immer nur abgeblockt worden. Noch bevor ich Rottländer auf den konkreten Fall der Brixners ansprach, stellte sich heraus, dass er und Uwe Linkmichel freundschaftlich verbunden waren. Vor diesem Hintergrund schien es natürlich noch wahrscheinlicher, dass Rottländer den »Insolvenzhintergrund« von Linkmichel bereits seit längerem kannte. Doch auch er wiegelte stur ab. Er sah Bousillage nicht in der Verantwortung, da die Lieferung der Bousillage-Bauelemente vertragsgemäß erfolgt war. Was auf der Baustelle damit passiert war oder nicht, wäre Sache von Linkmichel-Immobilien gewesen, und diese Firma wäre nun mal insolvent. Das war moralisch genauso fragwürdig wie Linkmichels Verhalten – aber natürlich rechtlich vollkommen richtig. Klang sehr miteinander abgesprochen. Und alles andere wäre unter Freunden auch verwunderlich.

Also unternahm ich noch einen letzten Versuch und kontaktierte die Geschäftsleitung von Bousillage. Wenn ich Linkmichel schon nicht direkt drankriegte, versuchte ich es nun über Bande. Ich stellte eine Anfrage, welche Verbindung es zwischen Bousillage und Uwe und Marion Linkmichel gab, und vor allem informierte ich die Firma über die Machenschaften ihres Angestellten Uwe Linkmichel. Und endlich bekam ich auch mal ein paar positive Antworten.

Es gelang mir, den Geschäftsführer von Bousillage persönlich auf die Baustelle der Brixners zu bringen. Nachdem ich ihm vom Schicksal der Bauherren erzählt und er sich ein Bild von der bewohnten Baustelle gemacht hatte – was alles andere als selbstverständlich war –, stellte er nicht nur Geldmittel, sondern auch Materialien zum Fertigbau zur Verfügung, so dass die Brixners endlich ein funktionstüchtiges Bad erhielten und das Dach ausgebaut wurde. Es war wie ein kleines Wunder, an das keiner mehr geglaubt hatte.

Nur weil der Geschäftsführer von Bousillage ein Herz hatte und Mitleid mit den Brixners zeigte, konnte dieser Fall auf dem »kleinen Dienstweg« gelöst werden. Ob der französische Hersteller nur einen Imageschaden abwenden wollte oder tatsächlich ein Herz für unverschuldet in Not geratene Bauherren hat, war den Brixners bei aller Dankbarkeit am Ende einerlei. Für sie war das Fiasko abgewendet, und deshalb waren sie einfach nur froh, dass sie durch das Einlenken der Bousillage den Rechtsweg umgehen konnten, für den sie ohnehin kein Geld und keine Nerven gehabt hätten. Jetzt konnten sie nach und nach alle weiteren Arbeiten aus eigenen Mitteln fertigstellen und wieder nach vorne schauen.

Fast genauso erfreulich war für mich auch noch eine weitere Information, die mich von Bousillage erreichte: Uwe Linkmichel wurde gekündigt. Aber Unkraut vergeht nun einmal nicht. Ich bin mir ziemlich sicher, dass er schon längst wieder irgendwo in der Baubranche tätig ist. Sosehr ich mir wünschen würde, dass sich jeder, der es mit einem Betrüger wie Linkmichel zu tun bekommt, Auskünfte über Bonitätsanfragen bei der Kammer und den Innungen frühzeitig einholt, so sehr weiß ich, dass das viel zu wenige Bauherren auch wirklich tun. Und leider haben längst nicht alle Gelackmeierten das Glück, spät oder auch nur irgendwann »ein kleines bisschen Gerechtigkeit« von solchen Linkmicheln zurückzubekommen. Dafür werden ihnen diese Verantwortungslosigkeiten immer noch viel zu leicht gemacht.

Nach dem Bauunternehmer, der seine Firmen reihenweise verschwinden lässt, kommen wir nun zu einem betrügerischen Makler, der im Zusammenspiel mit einem alten Bekannten zu einem simplen, aber immer wieder erstaunlich effektiven Hütchenspielertrick greift. Den beiden ging ein Mandant auf den Leim, der erst gar nicht mein Mandant werden wollte.

Mit Martin Liebenot hatte ich bereits einige Wochen zuvor ein erstes Mal telefoniert. Damals wollte er wissen, was es denn kosten würde, seinen Bauträgervertrag juristisch von mir prüfen zu lassen. Das Honorar für eine Vertragsprüfung kann variieren, in seinem Fall wären etwa 750 Euro angefallen, schätzte ich während unseres Gesprächs. Das war ihm »zu viel Geld«, und so endete unser erster Kontakt schon sehr schnell wieder. Ich hätte nicht gedacht, dass er sich jemals wieder bei mir melden würde.

Und vor allem hätte ich nicht gedacht, dass er bei unserem ersten Treffen, das wenige Tage nach seinem zweiten Anruf in meiner Kanzlei stattfand, nach nicht einmal fünf Minuten in Tränen ausbrechen würde. Aus dem Mann, der bei seiner ersten Anfrage noch wie ein kühl kalkulierender

Manager hatte wirken wollen, war ein Häufchen Elend geworden, das mit bebenden Händen ein Taschentuch vor sein Gesicht hielt. Wie war es zu dieser emotionalen Achterbahnfahrt gekommen, was war ihm in der Zwischenzeit nur widerfahren?

Ich versuchte, beruhigend auf Martin Liebenot einzureden, und ermunterte ihn, mir in aller Ruhe zu erzählen, was seit seinem ersten Anruf passiert war. Wie sich herausstellte, durchlebte er gerade in mehrfacher Hinsicht eine schwierige Lebensphase, seine Bauprobleme waren nur der Gipfel seines Problembergs. Dabei sollte die Eigentumswohnung, um die es bei seinem Bauvorhaben ging, eigentlich die Lösung seiner größten Sorgen sein. Er erzählte mir, dass er der Liebe wegen von Süddeutschland nach Hessen gezogen war. Die Beziehung war wohl von Anfang an schwierig, ein ständiges Auf und Ab, die beiden waren nicht verheiratet, und das würde sich auch nicht so schnell ändern. Doch seit wenigen Wochen war nun ihr gemeinsames Kind auf der Welt, und Martin Liebenots Idee war es gewesen, mit der Eigentumswohnung einen Neubeginn für die junge Familie zu wagen: neue Wohnung, neuer Lebensabschnitt, neues Glück.

Was die Beziehung betrifft, möchte ich wirklich kein Urteil fällen, das steht mir gar nicht zu. Was allerdings die Vorstellung betrifft, mit einer neuen Wohnung – sei es nun als Wohneigentum oder zur Miete – oder gar einem neuen Haus eine Beziehung retten zu können, da habe ich grundsätzlich meine Zweifel. Zwar kann ein Tapeten- oder Ortswechsel tatsächlich neue Impulse geben, aber damit lassen sich komplizierte Beziehungen nicht vereinfachen oder gar grundlegende Probleme aus der Welt schaffen. Im Theater werden Stück und Schauspieler auch nicht besser, indem man die Kulissen austauscht.

Wie dem auch sei, Martin Liebenot schien eine ziemliche Pechsträhne zu haben, denn es gab handfesten Ärger mit dem Makler, und seine Beziehung stand vor dem endgültigen Aus. Von Vaterfreuden keine Spur, von Nestbauplänen auch nicht mehr. Stattdessen wollte Martin Liebenot so schnell wie möglich von seinem Vertrag zurücktreten und die bereits bezahlte Maklercourtage zurückhaben.

Nachdem er mir seine missliche Lage geschildert hatte, bat ich ihn, mir den unterschriebenen Bauvertrag zu zeigen. Und ich staunte nicht schlecht, denn es war ein Vertrag von einem alten Bekannten: Bauunternehmer Hund, den wir bereits durch seine Nacht-und-Nebel-Aktion im Kapitel »Ohne MOOS nichts LOS« kennengelernt haben, war mal wieder mit von der Partie. Er »verfolgte« mich nun schon seit mehr als zehn Jahren, und ich wusste sofort, dass er sich nicht so leicht auf eine Vertragsaufhebung einlassen würde, schon gar nicht, wenn es keine formalen Kündigungsgründe gab.

Es handelte sich um einen Bauträgervertrag für ein Haus mit zwei Wohneinheiten, Liebenot samt Freundin und Baby sollten oben wohnen, die neuen Nachbarn, die mein Mandant flüchtig kannte, unten im Erdgeschoss. So weit, so gut, doch dann beichtete mir Herr Liebenot, dass es noch eine weitere Vorgeschichte zu diesem Vertrag gab, die sich hauptsächlich kurz vor dem gemeinsamen Termin beim Notar abgespielt hatte. Wie sich herausstellen sollte, war es die entscheidende Szene.

Makler Stephan Magyar wollte sich kurz vor besagtem Notartermin mit Martin Liebenot treffen, um noch ein paar Details bezüglich des Vertrags zu besprechen. Bauträger Hund wäre auch dabei, wie Magyar ankündigte, sie würden dann gemeinsam zum Notar fahren. Liebenot sollte bis zu diesem Treffen nachweisen, dass er die erste Rate der Maklercourtage von 10 000 Euro auf Magyars Konto überwiesen hatte. Vor lauter Vorfreude auf das Bauprojekt oder aus purer Achtlosigkeit wunderte sich Martin Liebenot nicht weiter, dass es sich dabei um ein ungarisches Konto handelte. Er wunderte sich nicht einmal darüber, dass er die zweite Rate von ebenfalls 10 000 Euro in bar mitbringen sollte. Also überwies er die erste und überreichte die zweite Rate, für die er nicht einmal eine Quittung erhielt. Das waren schon drei kapitale Fehler auf einen Schlag, und es kam noch schlimmer.

Um Martin Liebenot in Sicherheit zu wiegen und keinen Verdacht aufkommen zu lassen, versprach Makler Magyar seinem treu zahlenden Kunden bei ihrem spontan einberufenen Treffen noch so einiges. Unter anderem, dass er einen Teil des Gartens für eine Garage nutzen dürfe, um dort zum Beispiel auch den Kinderwagen abstellen zu können. Außerdem würde er einen größeren Balkon bekommen, als im Angebot beschrieben, selbstverständlich ohne Aufpreis. Allerdings wollte man diese Zusatzvereinbarungen nicht beurkunden lassen, da sich ja sonst auch die Kosten des Notars erhöhen würden, und das wollte man Herrn Liebenot doch ersparen. Man sei ja nicht blöd. Assistiert vom Bauunternehmer, redete der Makler auf ihn ein, er solle ihnen vertrauen: Alles würde so gebaut wie mündlich zugesagt.

Und noch während Stephan Magyar auf kumpelhafte Weise auf Martin Liebenot einredete, wurden eilig mehrere Exemplare des Vertrags unterschrieben, die Papiere wechselten hin und her und weiter an den Dritten, und bei allem Vor und Zurück merkte Liebenot nicht, dass Hund gar nicht alle Papiere unterschrieb. Wie bei einem Hütchenspiel blieb er vollkommen ahnungslos, was da wirklich vor sich ging. Jeder sieht, hört und liest nun einmal, was er sehen, hören und lesen will, auch wenn das Entscheidende am Ende gar nicht dasteht. Er war von all den Worten und dem Papierwedeln viel zu abgelenkt, um den Betrug zu bemerken. Im späteren Beurkundungstermin mit dem Notar wurde jedenfalls keine der Zusatzvereinbarungen beurkundet oder auch nur erwähnt – alles lief also wie von Magyar und Hund geplant und gehörte doch nur zu ihrem hinterhältigen Ablenkungsmanöver.

Martin Liebenots Vertrauen bröckelte erst, als er sich bald nach dem Notartermin mit seinen zukünftigen Nachbarn unterhielt. Auch ihnen war einiges versprochen worden, unter anderem derselbe Platz für eine Garage. Plötzlich fiel es ihm wie Schuppen von den Augen, was sich ein paar Tage zuvor wirklich abgespielt hatte. Er raste nach Hause und schaute sich sein Exemplar des Vertrags zum ersten Mal genauer an. Und musste mit Schrecken feststellen, dass er das Papier, auf dem die Zusagen vom Bauträger unterschrieben worden waren, gar nicht in seinen Unterlagen hatte, sondern nur ein Papier ohne Unterschrift. Der Bauträger hatte also auf einem anderen Exemplar unterschrieben oder nur so getan, als ob, und bei dem ganzen Hin und Her der Schriftstücke war es dem Makler gelungen, die entscheidenden Seiten auszutauschen, ohne dass Martin Liebenot den Schwindel bemerkt hatte.

Mit dem Ergebnis, dass er nun nicht mehr nachweisen konnte, was wirklich versprochen, besprochen und vereinbart worden war. Keine der mündlichen Zusagen, von denen er mir erzählt hatte, war für meinen Mandanten juristisch durchsetzbar. Er schwor Stein und Bein, dass er die Wahrheit sagte, aber bindend war einzig und allein der schriftliche Vertrag. Zumal er allein mit seiner Version der Ereignisse dastand. Magyar und Hund auf der anderen Seite würden zusammenhalten wie Pech und Schwefel und sich nur an ihre

Variante der Geschichte erinnern, davon war auszugehen. Dass Hund dabei auch den Gang vors Gericht nicht scheute, wusste ich nur zu gut. Dort würden er und Magyar sich gegenseitig als Zeugen zur Verfügung stehen. Es sah alles andere als gut aus.

Die beiden hatten einen der ältesten Hütchenspielertricks der Welt abgezogen, und trotzdem steht jeden Tag jemand auf, der darauf hereinfällt. Von außen betrachtet, wird es mir ewig ein Rätsel bleiben, wie fahrlässig Bauherren (und nicht nur diese) immer wieder beim Unterschreiben von Verträgen sind und sich in ihr Unglück drängen lassen. Aber auch Martin Liebenot beteuerte, dass er erst Verdacht schöpfte, als es schon längst zu spät war. Das Ablenkungsmanöver hatte bestens funktioniert, und mein Mandant war bei diesem Spiel nun der Dumme. Da spielte es auch keine Rolle mehr, dass die Behauptung, man wolle die Zusatzvereinbarung nicht beurkunden, um dem Mandanten Kosten zu sparen, vollkommener Blödsinn war. Und treuwidrig obendrein.

Natürlich hatte Martin Liebenot sofort versucht, den Makler zur Rede zu stellen, doch alle Versuche, Kontakt aufzunehmen, liefen ins Leere. Die deutsche Telefonnummer gab es nicht mehr, eine deutsche Adresse hatte er nicht, der Firmensitz lag offiziell in Ungarn, und auch Hund stellte sich nichtsahnend. Erst nach seiner erfolglosen Suche hatte sich Martin Liebenot schließlich ein zweites Mal bei mir gemeldet und saß nun schluchzend vor mir. Und es war in der Tat zum Heulen, denn er hatte unterschrieben und damit Fakten geschaffen. Ich musste es mehrfach wiederholen, bis es langsam zu ihm durchdrang: Verträge sind bindend, und somit war auch die Maklercourtage nicht ohne weiteres zurückzuholen. Bei einer Kündigung drohte außerdem eine Schadensersatzforderung des Bauunternehmers, auch das hatte er mit dem

Vertrag unterschrieben. Wahrscheinlich würde seine Unterschrift also noch teurer werden, als sie bis dato eh schon war.

Dennoch stand eines für ihn fest: Er wollte die Sache beenden. Dafür brauchten wir den Makler. Ich kontaktierte deshalb als Erstes das Einwohnermeldeamt in Hanau. Der Name Stephan Magyar und der seiner Frau Annemarie waren dem Amt zwar bekannt, allerdings wusste man dort nichts über ihren aktuellen Wohnort, das Paar galt als »nach unbekannt verzogen«. Wie es schien, hatte Makler Magyar weder einen Firmensitz noch einen offiziellen Wohnort in Deutschland.

Dann fand ich heraus, dass ein Insolvenzverfahren gegen Stephan Magyar beim Amtsgericht Hanau lief. Die Sachbearbeiterin dort sagte mir, dass er bereits vor ein paar Jahren in Mannheim einige Leute mit einer Immobilienmasche geprellt hatte und auch dort ein Insolvenzverfahren gegen ihn lief. Das war inzwischen aber eingestellt worden. Auch der Sachbearbeiterin war die aktuelle Wohnadresse der Magyars nicht bekannt. Und dann sagte sie mir noch, dass nach aktuellem Stand der Dinge das Verfahren in Hanau demnächst auch eingestellt werden würde.

Solange es noch möglich war, wollte ich mir das Verfahren ansehen und forderte umgehend Akteneinsicht beim Amtsgericht an. So konnte ich zumindest mit den anderen Gläubigern in Kontakt treten und mit diesen vielleicht eine gemeinsame Strafanzeige gegen Makler Magyar erstatten.

Für Martin Liebenot und mich war er zu einem Phantom geworden. Wir konnten ihm noch nicht einmal einen Brief zustellen, und ob die Briefe nach Ungarn ihn erreichten oder nicht, machte unterm Strich kaum einen Unterschied. Er würde sie ignorieren. Wie sollte es jetzt noch möglich sein, ihn mit seinen Betrugsmethoden zu konfrontieren oder gar das ergaunerte Geld zurückzuholen?

Ich suchte weiter. Per Internetrecherche fand ich heraus, dass Magyars Sohn eine Homepage auf eine Adresse in der Nähe von Hanau registriert hatte. Vielleicht waren sie dort untergetaucht. Wir fuhren zu der Adresse, doch auf der Klingel stand ein anderer Name. Auch Herrn Magyars Auto, das Martin Liebenot kannte, ließ sich dort nirgends entdecken. Ich fragte einen Anwohner nach Namen und Wagen, doch der schüttelte nur den Kopf, auch die Personenbeschreibung ließ ihn nicht aufmerken. Diese Spur sah nach einer weiteren Sackgasse aus.

Bei der Suche nach dem Phantommakler kamen wir erst einmal nicht weiter. Also versuchte ich mein Glück bei Hund. Auch wenn im Extremfall – was bei Hund der anzunehmende Normalfall war – ein großer Betrag als Schadensersatzforderung zu befürchten war, musste ich trotzdem versuchen, ihn zu einer einvernehmlichen Vertragsaufhebung zu bewegen. Mehr war wahrlich nicht zu erhoffen. Er hatte sich in diesem Fall zumindest auf dem Papier zwar nichts zuschulden kommen lassen, dennoch hoffte ich auf sein Einsehen aufgrund der persönlichen Lage meines Mandanten. Und außerdem war auch ich keine Unbekannte für ihn. Er hatte sicher genauso wenig Lust auf eine langwierige Auseinandersetzung mit mir wie ich auf eine mit ihm. Wie gesagt, ich hoffte das alles – so richtig glaubte ich aber, offen gestanden, nicht daran. Wenigstens hatte er sich nicht in Luft aufgelöst, ich konnte ihn also ganz herkömmlich anschreiben.

Kaum war der Brief an Hund auf dem Weg, ergab sich unverhofft eine Möglichkeit, Magyar doch noch auf die Schliche zu kommen. Martin Liebenot hatte sich mit den Käufern der zweiten Eigentumswohnung kurzgeschlossen und sie eingeweiht. Offensichtlich lief bei ihnen bislang alles korrekt ab, weshalb es sie nicht weiter störte, dass ihr Makler seinen Firmensitz in Ungarn hatte, wo jegliche Post zu versickern drohte. Doch wenigstens erfuhr Martin Liebenot von einem Besprechungstermin zwischen dem Makler und den Erdgeschosskäufern. Den wollte er nutzen, um Magyar im Anschluss zu folgen und so in Erfahrung zu bringen, wo er wohnte und ob es eine offizielle Anschrift gab. Eine Konfrontation vor oder gar in der alten Wohnung der Mitkäufer hätte außer Lärm und Ärger sehr wahrscheinlich nichts gebracht. Dennoch: Der Kämpfer und Detektiv in Martin Liebenot war erwacht.

Auf meinen Rat hin nahm er einen Freund als Zeugen mit und legte sich auf die Lauer. Und tatsächlich tauchte Makler Magyar pünktlich bei den Mitkäufern auf. Er blieb lange, fast zwei Stunden mussten die beiden »Detektive« auf das Ende der Besprechung warten. Als Magyar schließlich in seinen Wagen stieg und losfuhr, hängten sie sich hinter ihn. Zunächst lief alles ohne Probleme, sie folgten ihm bis ins Stadtzentrum von Hanau. Doch dann waren sie wohl nicht vorsichtig genug. Mitten in der Stadt musste der Makler irgendwie bemerkt haben, dass er verfolgt wurde. Er legte eine plötzliche Kehrtwende hin, der Martin Liebenot im dichten Verkehr nicht direkt folgen konnte, und so gelang es dem Phantom, seine Verfolger abzuhängen und wieder zu verschwinden.

Am nächsten Morgen rief mich ein immer noch tief enttäuschter Martin Liebenot in der Kanzlei an und berichtete mir vom erfolglosen Vorabend. Und als er kurz darauf das Schreiben eines Anwalts erwähnte, schien es, als hätte er seinen Kampfgeist wieder gänzlich verloren. Magyar hatte doch tatsächlich einen Anwalt mit der Beitreibung der angeblich noch nicht erhaltenen zweiten 10 000 Euro beauftragt. Er behauptete, die Barzahlung ohne Quittung habe nie stattgefunden. Diese Forderung wies ich anwaltlich zurück, und siehe da: Trotz Drohung durch die gegnerische Kanzlei wurde bis heute keine Klage zur Zahlung der 10 000 Euro zugestellt. Es handelte sich wieder nur um einen miesen Trickversuch.

Die ausbleibende Klage war aber leider das Beste, was uns mit Stephan Magyar bis zum Schluss passieren sollte. In der Zwischenzeit konnte ich die Akten zu seinem Insolvenzverfahren beim Landgericht Hanau einsehen, und das war mehr als ernüchternd. Der Mann hatte Verbindlichkeiten von mehreren Millionen Euro angehäuft. Nie im Leben sehen wir die 20 000 wieder, war mein erster Gedanke, denn eine Vollstreckung in Ungarn schien so gut wie aussichtslos und kostete sehr wahrscheinlich nur Geld, so verschuldet, wie der Gegner war. Es war ein hoffnungsloser Fall.

Den Wohnsitz des Maklers habe ich bis heute nicht herausgefunden. Eine Strafanzeige hat auch nichts gebracht. Nach dem Makler wird mittlerweile über Europol gefahndet. Bislang erfolglos.

Doch dann gab es tatsächlich noch gute Nachrichten. Und zwar ausgerechnet von Bauträger Hund. Ich war sehr überrascht, als er wenige Tage nach meinem Schreiben in der Kanzlei anrief. Frau Kaiser stellte ihn durch: »Hallo Scheffin«, das sagt und schreibt sie immer mit einem Augenzwinkern, »Sie glauben nicht, wer dran ist: der Hund! Der traut sich tatsächlich, mit Ihnen zu sprechen. Wollen Sie ihn nehmen?«

Mit einem Anruf war nun wirklich nicht zu rechnen gewesen, denn vor nicht einmal einem Jahr hatte ich meinen letzten Disput mit ihm. Damals hatte er mich auf einer Baustelle wutschnaubend mitten in einem Gespräch einfach stehengelassen und gezischt: »Mit Ihnen rede ich nicht mehr!« Das hatte er inzwischen also entweder vergessen oder abgehakt.

»Klar nehme ich den. Stellen Sie bitte durch, Frau Kaiser.«

»Guten Tag, Frau Anwältin«, sagte er, »ich hoffe, Ihnen geht es gut und Ihre Geschäfte laufen.«

»Ja, alles bestens.« Ich traute dem Braten und seiner Freundlichkeit nicht, also hielt ich mich kurz und ließ ihn weiter kommen.

»Wir haben ja wieder mal einen Fall zusammen, und jetzt frage ich mich, ob ich mich wieder mit Ihnen streiten will oder ob ich Ihnen hier mal einen Sieg gönne. Also, um es kurz zu machen: Ich wäre bereit, den Vertrag wieder aufzuheben, wenn Ihr Mandant den Notar bezahlt. Ich habe so viele Interessenten für diese Wohnung und würde sie daher gern sofort wieder zurücknehmen.«

Ich konnte kaum glauben, was ich da hörte, und forderte ihn auf, mir das schriftlich zu geben. Zwanzig Minuten später hatte ich das Schreiben per Fax auf dem Schreibtisch. Das war das Beste, was meinem Mandanten passieren konnte, auch wenn ich nicht weiß, wie es dazu kam und warum Hund so kampflos das Feld räumte. Dass er von der Betrugsmasche des Maklers wusste oder gar daran beteiligt war, konnte ich ihm nicht nachweisen. Ich glaubte aber nicht, dass der Makler seine Courtage mit ihm geteilt hatte, so weit ging die »Freundschaft« dann wohl doch nicht. Das Warum war nun aber egal, denn das, was zählte, war das Ergebnis. Und das bedeutete, dass Martin Liebenot aus dem Vertrag ohne Schadensersatz rauskam. Und darüber war er am Ende wirklich froh und dankbar.

Ich werde wahrscheinlich nie verstehen, warum Bauherren bei einem sechsstelligen Baupreis nicht bereit sind, ein paar hundert Euro für eine Vertragsprüfung zu zahlen. Denn eines scheinen sie dabei vollkommen zu vergessen: Verträge sind bindend – sofern sie gesetzeskonform sind. Für diese Lektion musste Martin Liebenot mit 20 000 Euro verpuffter Makler-courtage plus Notars- und Anwaltskosten wahrlich teures Lehrgeld bezahlen. Hätte er vorab 750 Euro für die Vertragsprüfung investiert, wäre ihm das alles erspart geblieben. Doch nachdem der Kauf der Eigentumswohnung zur Rettung seiner Beziehung gescheitert war, war das vielleicht seine kleinste Sorge. Allen anderen sollte sein Fall klarmachen, wie wichtig es ist, bei Maklern größte Vorsicht walten zu lassen. Stephan Magyar ist garantiert nicht der einzige Hütchenspieler, der zum Phantom mutiert, bevor man es bemerkt!

»Sie hören dann vom Insolvenzverwalter«

Oder: Die Frau am Bau

»Es kommt nicht darauf an, ein Haus fertigzustellen, sondern in seinem Haus glücklich zu sein«, hat der bekannte Hirnforscher Gerald Hüther einmal in einem Interview gesagt, und ich kann ihm da nur recht geben. Doch das mit dem Glücklichsein ist leichter gesagt als getan. Und bis dahin ist es manchmal ein steiniger Weg.

Wie ich in der Einleitung bereits erwähnt habe: Ein Hausbau ist viel emotionaler, als man im ersten Moment denkt. Und vor allem ist er das schon lange, bevor man eingezogen ist. Auch wenn Bauherren es nicht wahrhaben wollen, in der Praxis sieht es doch oft so aus, dass sie die harten Fakten gerne vergessen oder verdrängen und emotional entscheiden. Sie unterschreiben Verträge, die ihnen nicht wirklich klar und verständlich geworden sind, aus einem Bauchgefühl heraus oder lassen sich von geschickten Vertragspartnern zu einer Unterschrift drängen. Nicht einmal ein Smartphone würden sie heute so uninformiert kaufen, geschweige denn ein Auto – aber bei wesentlich teureren Immobilien gehen sie ins Risiko, vertrauen wildfremden Menschen und setzen alles auf eine Karte. Einige dieser Bauherren haben wir in diesem Buch bereits getroffen. Sie hoffen darauf, dass schon alles gutgehen wird – bis sie in der Tinte sitzen. So weit wollten es die Eggers nicht kommen lassen. Vor allem Andrea Egger nicht.

Das junge Paar lernte sich in einer Arztpraxis kennen. Genauer gesagt: in *seiner* Arztpraxis. Matthias ist Osteopath, Andrea ist Medizinische Fachangestellte. Sie verliebten sich und träumten schon bald davon, zu heiraten und im Grünen zu bauen. »Wir wollten unser Glück so schnell wie möglich in Beton gießen«, verriet mir Andrea später.

Doch ganz so überhastet, wie es vielleicht klingen mag, gingen die beiden nicht vor. Im Gegenteil, vor allem Andrea hatte stets das große Ganze im Blick. Die Eggers hatten alles genau geplant, das neue Familienzuhause wollten sie fertigstellen, bevor das erste Kind kam. Und dann schien es an der Zeit, sich ein Nest zu bauen. Als Ausgleich zum stressigen Beruf sollte es möglichst beschaulich werden. Sie waren sich schnell einig, dass das Haus im Grünen liegen musste. Da bot sich Andreas Heimatort geradezu an: ein Dorf mit nicht einmal tausend Einwohnern, idyllisch gelegen, umgeben von Äckern, Wald und Wiesen, aber noch im Einzugsgebiet von Heidelberg und Mannheim. Andreas Eltern wohnten auch noch dort, und ihr Vater hatte vor einiger Zeit sogar schon ein Grundstück für sie gekauft. Damals sozusagen noch »auf Verdacht« – jetzt konnten Andrea und Matthias es tatsächlich nutzen. Und die günstigen Zinsen machten es ihnen trotz ihrer jungen Jahre möglich, ein schönes Haus in der Metropolregion Rhein-Neckar zu finanzieren.

Damit liegen sie übrigens voll im Trend: Mit großem Vorsprung ist es nämlich ein Einfamilienhaus auf dem Land, woran die meisten Deutschen denken, wenn sie von Wohneigentum reden (oder träumen). Für die große Altbauwohnung oder das hippe Penthouse in den beliebten und angesagten

Vierteln der Großstädte fehlt jungen Familien oft das Geld. Aber das ist es nicht allein, schließlich sind die Zinsen niedrig wie lange nicht. Nein, unabhängig von Geldfragen sehnen sich seit ein paar Jahren immer mehr Bauherren nach einem Gefühl, das sie mit einem eigenen Blumenbeet, einer Schaukel für die Kinder im Garten hinterm Haus oder einem gemütlichen Kaminabend im Kreise ihrer Liebsten verbinden. Irgendwo zwischen Pragmatismus, »Landlust«-Boom und neuer Spießigkeit entscheiden sich viele dann für das Einfamilienhaus am Stadtrand. Oder eben auf dem Land. Man könnte auch sagen: »Junge Paare träumen den Traum ihrer Eltern!« Denn die Sehnsucht nach Idylle ist natürlich nichts wirklich Neues. Es ist ein wiederaufkommender Trend, den es in den Generationen vor uns auch schon gab.

Trend hin oder her, so ganz 08/15 war den Eggers dann doch zu langweilig. Sie wollten ein ganz besonderes Haus bauen, modern, lichtdurchflutet. Deshalb machten sie sich auf eigene Faust schlau, stöberten in zahlreichen Internetforen und hatten auf diese Weise eigentlich schon recht viel Wissenswertes und Nützliches zusammengetragen. Trotzdem befiel auch sie eine gewisse »Betriebsblindheit«, wie Matthias Egger es nannte, und vor allen Dingen hatten sie eins mit fast allen anderen Bauherren in diesem Buch gemeinsam: Sie vertrauten den falschen Leuten und waren trotz aller Eigenrecherche viel zu ungestüm beim Unterschreiben von Verträgen.

Noch vor ihrer Hochzeit hatten die Eggers einen Bauvertrag mit dem Bauunternehmer Bittermann abgeschlossen. Dieser hatte sie vor allen Dingen durch den sehr professionellen Internetauftritt überzeugt und durch einen gewieften Vertriebsmitarbeiter, der alle Register ziehen konnte. Er schilderte schnelle und problemlose Bauabläufe ohne Mängel und Probleme – so wie es sich jeder Bauherr natürlich wünscht. Und schwuppdiwupp war ein Einfamilienhaus mit zwei Stockwerken, Flachdach und vielen Fensterfronten in Auftrag gegeben. Bausumme: 500 000 Euro!

Im Erstgespräch in meiner Kanzlei legen mir die Eggers die Hochglanzprospekte mit wunderschön fotografierten Häusern vor. »Exklusives Architektenhaus zum Festpreis« steht auf der Bau- und Leistungsbeschreibung, alles wirklich schön und ansprechend gestaltet. Der Spruch ist zwar alt, aber wahr: Papier ist geduldig! Und an seiner Aussagekraft ändert sich auch nichts, wenn das Papier heutzutage immer öfter digital ist. Sowohl beim Internetauftritt als auch mit dem Hochglanzprospekt wurde, so musste man im Nachhinein nüchtern feststellen, viel Rauch um nichts gemacht. Keines der hochwertigen Versprechen hat die Firma Bittermann gehalten – bis auf eines, das sich natürlich in keinem Prospekt finden ließ, sondern erst kurz vor Schluss fiel: »Sie hören dann vom Insolvenzverwalter.«

Was dazwischen geschah, möchte ich hier nur so kurz wie möglich zusammenfassen, denn bis zum Finale war es ein geradezu klassischer Fall. Nachdem die Baufirma mit dem Rohbau fertig war, ging der Ärger los. Die Bauherren hatten Wasser im Rohbau, ich empfahl ihnen Herrn Klammerer, einen Sachverständigen, mit dem ich, wie mit Herrn Baumann, schon seit einiger Zeit zusammenarbeite. Der Sachverständige fand neben der Feuchtigkeit noch zahlreiche andere Mängel. Sein Gutachten bestätigte schließlich einen Mangelbeseitigungsaufwand von rund 80 000 Euro. Gemeinsam mit dem Ehepaar hatten wir entschieden, dass ich zunächst nur im Hintergrund agieren würde. Die Schreiben an die Firma Bittermann verfassten die Eggers also erst einmal selbst. Nachdem ich meine juristischen Empfehlungen zu dem Fall gegeben hatte, rügten sie die Mängel – doch nichts passierte. Sie rügten erneut, wieder keine Reaktion. Und es blieb nicht bei Ignoranz. Vielmehr kam die nächste Rechnung, und die Bauherren wurden unter Fristsetzung zur Zahlung aufgefordert. Das roch bereits sehr nach Taktik, ich hatte den Eindruck, dass die Firma Bittermann zumindest in Liquiditätsschwierigkeiten steckte und dringend Geld benötigte. Eventuell drohte sogar die Insolvenz. Spätestens nach den erheblichen Mängeln, die das Gutachten festgestellt hatte, schwante mir, dass Bittermann wohl zu viel Geld in den Printauftritt, die Internetpräsenz und den Vertrieb gesteckt haben könnte, das dann später auf den Baustellen fehlte. Der Verdacht erhärtete sich, als erste Subunternehmer direkt bei den Bauherren nach ausstehenden Zahlungen fragten, die längst an Bittermann überwiesen waren. Auf der Baustelle passierte danach so gut wie nichts mehr.

Während Andrea Egger Ruhe und Übersicht bewahrte, wurde ihr Mann immer unruhiger. Er verfasste Schreiben an Bittermann, die teilweise über zwanzig Seiten lang waren. Er rief mich fast täglich an oder schickte mir Mails. »Warum kann ich nicht so einfach kündigen? Wann können endlich die Mängel beseitigt werden? Darf ich eine zweite Firma beauftragen, und wer kommt für die Kosten auf?« Ich verstand den Druck, unter dem er stand, doch es war purer Aktionismus. Also beschlossen wir, dass ich aus der Deckung kommen und mich nun direkt an die Gegenseite wenden sollte.

Mein erstes Schreiben war noch sehr freundlich und auf eine einvernehmliche Lösung ausgerichtet. Direkt am nächsten Tag rief der Bittermann-Geschäftsführer bei mir an. Damit hatte ich nach den bislang ausbleibenden Reaktionen gar nicht gerechnet, der Briefkopf einer Anwaltskanzlei kann die Dinge aber manchmal eben doch beschleunigen. Man wolle sich gütlich einigen und den Bau fertigstellen, versprach er mir. Aber wie ich schon beim Auflegen befürchtete, war der Anruf des Geschäftsführers nur ein Lippenbekenntnis, denn meine Mandanten erhielten von ihm kurz darauf nur eine weitere Zahlungsaufforderung, diesmal über exakt 68 675,25 Euro.

Ich holte umgehend eine Bonitätsauskunft ein. Das Ergebnis war besorgniserregend: Auf einer Skala von 1 (sehr gut) bis 6 (insolvent) lag die Bonität der Firma Bittermann bei 4, und es wurde wegen der »schwachen Bonität« von Geschäften mit dem Unternehmen abgeraten. Die Insolvenz war zwar noch nicht eingetreten, lag aber in greifbarer Nähe. Daher war ab sofort absolute Vorsicht geboten, vor allem was weitere Zahlungen betraf, wir mussten uns für das Schlimmste wappnen, so gut es ging.

Ich empfahl den Bauherren, noch so viel Leistung wie möglich entgegenzunehmen, weil nicht damit zu rechnen war, dass noch einmal Geld zurückfließen würde. Außerdem sollte der Sachverständige Klammerer noch einmal den aktuellen Bautenstand bewerten. Doch auch die Handwerker schienen von der Situation bei Bittermann Wind bekommen zu haben oder kannten ähnliche Bauverläufe. Jedenfalls holten sie ihre Werkzeuge von der Baustelle, damit dort nicht irgendetwas unrechtmäßig »verrechnet« werden konnte. Und der von Bittermann beauftragte Installateur holte seine noch nicht verbauten Heizkörper, die schon im Haus bereitstanden, wieder ab.

Dann kam das allerletzte Vorzeichen der drohenden Insolvenz, ein Schreiben von Bittermann an die Eggers. Darin die Aufforderung, doch künftig direkt an den Installateur zu zahlen, hierfür sollten die Bauherren eine Gutschrift von 25 000 Euro erhalten. Solche Vereinbarungen, kurz vor einer möglichen Insolvenz, sind mit aller Vorsicht zu genießen, da sie der Insolvenzverwalter wegen der Benachteiligung anderer Gläubiger anfechten kann. Wenn man Pech hat, steht man dann mit leeren Händen und ohne Gegenleistung da. Auf die schlechte Bonität angesprochen, zeigte sich der Geschäftsführer überrascht. Er könne gar nicht nachvollziehen, warum die Bewertung so schlecht sei. Noch zwei Tage vor dem Insolvenzantrag behauptete er, dass alles in Ordnung sei und das Bauvorhaben sicher fertiggestellt werden könne. Nach einer erneuten Aufforderung zur Mängelbeseitigung, die naturgemäß schon etwas schärfer ausfiel als mein erstes Schreiben, ließ er endlich die Hosen runter: »Wenn Sie diese Mängel anzeigen, machen wir einfach die Firma zu. Sie hören dann vom Insolvenzverwalter.«

Wohl dem, der nie zu früh zu viel gezahlt hat und weiß, welche Rechte er bei einem insolventen Baupartner hat. Wir waren so gut wie möglich vorbereitet – doch Matthias Egger hatte inzwischen mehr als nur den Spaß am ganzen Bauvorhaben verloren. Er wollte aufgeben, das Haus zurückgeben oder verkaufen, in der Wohnung in Heidelberg bleiben und sich aller Probleme entledigen. Er hatte die Schnauze voll.

Ich erhielt in dieser Zeit E-Mails, die er nachts schrieb. Seitenlang schilderte er mir seine Situation, seine Ängste, seine Bedenken, seine Wut, seine Ohnmacht. Nachts zwischen ein und drei Uhr hatte er Zeit, sich damit zu befassen. Er lebte und arbeitete mit hohem Verantwortungsbewusstsein – schließlich ging es um die Gesundheit seiner Patienten – und verlangte das auch von den Menschen, mit denen er tagtäglich zu tun hatte. So funktionierte er einfach, oder anders formuliert: Nur so konnte er seinen Beruf auch zu hundert Prozent erfüllen. Die Erfahrungen mit Bittermann machten ihm wirklich schwer zu schaffen, raubten ihm im wahrsten Sinne des Wortes den Schlaf.

Dass es doch noch ein glückliches Ende trotz der Bittermann-Insolvenz gab, hatten die Eggers vor allem dem psychologischen Geschick von Andrea zu verdanken. Denn sie war es, die ihren Mann schließlich wieder für das Haus begeistern konnte und zurück ins Boot holte. Während er bei all dem Stress und Ärger auf der Baustelle Zweifel bekam, ob das Haus im Grünen die richtige Entscheidung gewesen war, hatte sie ihr Ziel nie aus den Augen verloren. Sie wusste genau, was sie wollte, sie hatte sich die allerersten Fragen, die sich jeder Bauherr stellen sollte – »Was will ich eigentlich? Was passt zu mir/uns?« –, gründlich beantwortet. Das versetzte sie in die Lage, ihre Begeisterung für den gemeinsamen Hausbau auch in schwierigen Situationen zu bewahren.

Die Frau am Bau wird oft belächelt. Wenn nicht gar Witze über sie gemacht werden. Dabei erlebe ich immer wieder, dass sie es ist, die den besseren Überblick hat, die weiß, wo welche Unterlagen sind, was mit wem vereinbart wurde und was am Ende dabei herauskommen soll. In fast allen Fällen mit jungen Baufamilien ist das so. Und trotzdem – oder erst recht deshalb – glauben die allermeisten Männer irgendwie noch immer an das längst überholte Klischee, dass Frauen am Bau nichts zu suchen haben. Tatsächlich denke ich aber, dass die Männer diese Behauptung einfach aufstellen, ohne ehrlich auf die Fakten zu schauen. Quasi aus Tradition.

Zwar spielen Jungs tatsächlich lieber mit Autos und Sandkastenbaggern als die meisten Mädchen, aber das Thema Bauen ist aus meiner Sicht eigentlich ein weibliches, vor allem bei Wohneigentum. Ich sage nur: Nestbau. Es ist in der Regel auch die Frau, von der der Wunsch zum Hausbau ausgeht und die Impulse setzt, doch mal im Musterhauspark zu schauen, was man so bauen könnte. Meist haben die Bauherren in der ersten Phase der Hausplanung dann mit Menschen vom Vertrieb zu tun. Diese treffen mit ihren einstudierten Verkaufsphrasen fast immer den Nerv der weiblichen Vertragspartnerin. Denn sie sind heute längst gezielt auf weibliche Wünsche geschult, weil sie wissen, dass den Mann meistens mehr das Technische interessiert – den Abschluss aber in der Regel die Frau entscheidet.

Und danach sieht die typische Bausituation oft so aus: Die Frau muss alles organisieren, während der Mann zur Arbeit geht. Daran hat sich bei aller Emanzipation in den letzten Jahrzehnten nicht so furchtbar viel geändert. Dass Frauen beim Bauen oft immer noch nicht für voll genommen werden, liegt in erster Linie daran, dass es immer noch ein männerdominiertes Arbeitsfeld ist. Zum Teil haben die Frauen es sich aber auch selbst zuzuschreiben. Denn die typische Bauherrin neigt auf ihrer Baustelle dazu, es den Handwerkern gutgehen zu lassen. Sie will schon ganz früh eine gute Gastgeberin und Hausherrin sein und kümmert sich um Kaffee und Kuchen oder Schnittchen – und genau das führt dazu, dass die Bauherrin am Bau nicht ernst genommen wird.

Respekt verschafft Frau sich nicht mit Bemuttern, sondern mit Wissen. Sie sollte die Abläufe am Bau verinnerlichen. Sie sollte die Bausprache verstehen und wissen, was eine Giebelwand, eine Firstpfette, ein Drempel oder eine Drainage ist. Und sie sollte zeigen, dass sie die Vertragsinhalte kennt. Sie sollte keine Angst vor den vielen Männern auf der Baustelle haben und sich nicht in die »Mäuschen-Ecke« stellen lassen. Erst dann wird sie als gleichwertige Partnerin und nicht als kaffeekochendes Dummchen wahrgenommen. Und dann –

oh Wunder – läuft es in der Regel auf der Baustelle auch besser.

Bankberater, Bauunternehmer, Architekten, Anwälte, Richter – rund um den Hausbau hat man es besonders oft mit Männern zu tun. Da läuft man immer Gefahr, dass die Männer zusammenhalten und einen als Frau unterbuttern wollen. Dabei habe ich über die Jahre festgestellt, dass jeder Baustelle eine kompetente und selbstbewusste Frau guttut. Ich verfüge mittlerweile über einen großen Erfahrungsschatz mit »Macho-Begegnungen«. Sie glauben gar nicht, wie vorhersehbar die sind. Ich habe mir deshalb die eine oder andere Routine zurechtgelegt, die mich erdet und mir die Kraft gibt, solche Spielchen gut durchzustehen. Zum Beispiel bin ich auf Baustellen immer bewusst sachlich, denn gerade für Frauen ist es wichtig, sich bei solchen Terminen mit baufachlicher Kompetenz Respekt zu verschaffen. Deshalb trage ich dann auch – anders als bei Gericht natürlich – eher sportliche Kleidung. Im Kostümchen durch einen Rohbau zu klettern wäre schließlich nur Wasser auf die Macho-Mühlen.

Auf dem Bau, während Vertragsverhandlungen und in Baukrisen wird in den seltensten Fällen mit offenen Karten gespielt. Ganz oft lassen männliche Unternehmer durch undurchsichtige Verträge die Bauherren ins offene Messer laufen, nutzen deren Unerfahrenheit aus. Ich habe am Bau aber vor allem Unternehmerinnen kennengelernt, die eine ganz andere Berufsethik haben und offene und klare Verträge ohne Hintertürchen schließen. Sicher längst nicht alle, wenn wir zum Beispiel an die angebliche Architektin der Humboldts denken – aber der Unterschied ist schon auffallend.

Auch unter Juristen dominieren weiterhin die Männer. Zwar ist hier der Anteil der Frauen insgesamt bei etwa einem Drittel angelangt, beim Familienrecht sogar bei über der

Hälfte, im Bau- und Architektenrecht ist es allerdings noch lange nicht so weit. In meinem Berufsstand sind Frauen immer noch deutlich in der Minderzahl: Von den bundesweit über 2600 Fachanwälten für Baurecht sind gerade einmal 345 Frauen. Im Verbraucherbaurecht – also für private Bauherren wie Sie und mich – sind weniger als dreißig Frauen als Fachanwälte tätig, und wir werden von den Kollegen auch nicht sonderlich wertgeschätzt, wie ich schon mehrfach auf Fortbildungsveranstaltungen erlebt habe. In einem Raum mit einhundert Fachanwälten für Baurecht tummeln sich meist nicht mehr als fünfzehn Frauen. Die Kollegen erscheinen üblicherweise im Anzug. Noch immer ist der Anzug als Statussymbol wichtig, um zu zeigen, wo man steht und wie erfolgreich man ist. Das wird dann in den Gesprächen gerne fortgesetzt. Frauen sprechen eher über fachliche Inhalte oder die Vereinbarkeit ihres Berufes mit der Familienplanung. Respektiert oder als Gesprächspartner auf Augenhöhe wahrgenommen wird man von den kompetitiven »Anzugkollegen« meist nicht. Man wird eher geduldet. Für meinen Geschmack treten dort zu viele Blender in schicken Anzügen auf. Mir fehlt das Miteinander, und manchmal langweilen mich das ewige Gegeneinander, die Prahlerei und die fehlende Akzeptanz von Frauen in meinem Beruf. Auch deshalb mache ich diese Show nicht mit und versuche lieber, authentisch zu sein und mich mit meinem Team für die Belange der Verbraucher einzusetzen, um auf diesem Weg etwas zu verändern. In meiner Kanzlei arbeiten übrigens zwei Männer und sechs Frauen. Ob das Zufall sein kann?

In letzter Zeit stelle ich jedenfalls auch in Gesprächen mit meinen Kolleginnen eine steigende Akzeptanz der Frau am Bau oder als Anwältin fest. Die Bauherren scheinen bemerkt zu haben, dass Frauen einer Baustelle in der Regel sehr guttun, nicht zuletzt weil sie eher in der Lage sind, streitige Situationen aufzulösen, als viele Männer. Noch vor fünf Jahren habe ich in Korrespondenzen meiner Mandanten mit dem Gegner immer wieder gelesen: »Wenn Sie diese Frist zur Zahlung nicht einhalten, werde ich die Sache meinem Anwalt übergeben.« Obwohl bereits zu diesem Zeitpunkt ich das Mandat innehatte, trauten sie sich nicht, mit der *Anwältin* zu drohen, als wäre ich weniger wert als meine männlichen Kollegen. Auch das hat sich gewandelt. Viele meiner Mandanten sagen mir, dass sie sich ganz bewusst eine Frau ausgesucht haben. Männer seien ihnen oft nur aufs Gewinnen aus, darauf, besser zu sein als der andere und recht zu behalten. Meist gehe es weniger um die Sache als um das eigene Ego. Da erhebe ich selten Einspruch. Mir fehlen da meistens einfach die Gegenargumente.

Gute Argumente hatte zum Glück Andrea Egger ihrem Mann zu liefern, um ihm aus der Baukrise zu helfen. Dank ihrem Geschick und ihrer Überzeugungskraft fand er zu seinem alten Kampfgeist zurück, und so konnten wir alle drei gemeinsam einen Schlachtplan für das anstehende Insolvenzverfahren entwickeln.

Der Insolvenzantrag wurde schließlich im Mai 2014 gestellt, drei Monate nachdem sich Familie Egger erstmals bei mir in der Kanzlei gemeldet hatte. In dieser Zeit ist es uns gelungen, die unberechtigten Zahlungsaufforderungen wegen erheblicher Mängel zurückzuweisen und den angebotenen Deals des Unternehmers zu widerstehen. Neben den Mehrkosten für die Fertigstellung, den Schäden, die wegen des Bauverzuges entstanden sind, und den Mängelbeseitigungskosten konnten die Forderungen des Insolvenzverwalters über 41 000 Euro erfolgreich abgewehrt werden. Die restlichen Forderungen haben die Eggers zur Insolvenztabelle angemeldet, wohl wissend, dass sie dieses Geld niemals erhalten würden.

Unterm Strich sind die Eggers also noch mit einem blauen Auge davongekommen. Schlimm genug, wenn man unverschuldet in so eine Situation hineingezogen wird, doch am Ende hat sich das Durchhaltevermögen für beide gelohnt. In der Zwischenzeit sind sie in das schöne Haus eingezogen. Sie haben mir Bilder vom Einzug geschickt, und ab und zu bekomme ich auch noch Fotos von den fernen Reisezielen aus der ganzen Welt als kleines Dankeschön für die Unterstützung in der aufregenden Bauzeit.

Dankbarkeit in solchen Fällen freut mich besonders, denn ich weiß auch aus eigener Erfahrung, wie wichtig persönliche Unterstützung während einer Baukrise für die Bauherren ist. Häufig ist sie sogar wichtiger als die juristische Begleitung. Krisen auf der Baustelle führen immer wieder dazu, dass Bauherren ihre Kraftreserven aufbrauchen und in eine ganz typische Starre geraten: nichts geht mehr. Ich rate diesen Familien dann oft, sich eigene Zeitinseln zu schaffen, in denen sie sich mal nicht um das Haus kümmern, sondern ganz allein um sich. Das ist manchmal nicht so leicht einzurichten, aber es ist sehr wichtig, dass sie sich wieder an den Ausgangspunkt für den Hausbau erinnern. Kurzurlaube und Ruhephasen sind nicht die Lösung, können aber eine große Hilfe sein, um wieder Kraft zu schöpfen.

Manchem Bauherrn ist mit ein bisschen Abstand dann erst klargeworden, dass seine Frau die Aufgabe auf der Baustelle viel besser meistert als er. Und nicht wenige geben in der Folge die meiste Verantwortung an ihre Partnerin ab, was nicht selbstverständlich ist, weil die Vorstellung vom Hausbau als Männersache bis heute weit verbreitet ist. Ich finde, da gibt es kein Entweder-oder. Der Hausbau gehört weder zum Plansoll des Mannes, noch ist er allein Frauensache, vielmehr sollte er als eine Teamaufgabe für beide Ehepartner verstanden werden. Doch um Konflikten vorzubeugen, müssen so früh wie möglich echte Kompromisse geschlossen werden, sonst fühlt sich am Ende einer unterlegen – und das ist nicht selten der Mann.

Am Anfang dieses Kapitels habe ich den Hirnforscher Gerald Hüther zitiert, und das möchte ich abschließend noch einmal wiederholen: »Es kommt nicht darauf an, ein Haus fertigzustellen, sondern in seinem Haus glücklich zu sein.« Dass ein eigenes Haus nicht nur Sicherheit und Behaglichkeit, nicht nur Nestbau, Besitz und Altersvorsorge bedeutet, sondern auch eine Menge Aufwand, wird oft verdrängt oder vergessen. Doch um glücklich zu werden, braucht es Überzeugung und Ausdauer. Da braucht es echtes Wollen. Niedrige Zinsen allein reichen nicht, die sind schneller weg, als man gucken kann, und verschwinden in der Bedeutungslosigkeit, während das Haus noch lange steht.

Die Eggers sind trotz aller Schwierigkeiten mit dem insolventen Bauunternehmer Bittermann in ihrem Haus schließlich glücklich geworden, und ich hoffe, sie bleiben es noch lange.

»Das hält alles in sich!«

Eine Mauer, ein Gerichtsverfahren und kein Ende

Eine neuere Forsa-Studie spricht davon, dass rund 50 Prozent der privaten Bauherren in Deutschland, die in den letzten Jahren ein Haus oder eine Eigentumswohnung gekauft haben, über Baumängel klagen. An jedem zweiten Nest ist also irgendetwas faul. Bei rund 250 000 Bauvorhaben, die jedes Jahr genehmigt werden, würde das 125 000 mangelhafte Bauleistungen bedeuten. Rund 40 000 Bauvorhaben landen jedes Jahr im Gerichtssaal. Über den Schaden, der dabei auf den Baustellen zwischen Nordsee und Alpenrand verursacht wird, gibt es Schätzungen, die von eineinhalb bis fünf Milliarden Euro reichen. Wohlgemerkt: jährlich, und nur die, die vor Gericht enden. Allein diese Zahlen sprechen für sich.

Dennoch lohnt es sich, einen einzelnen Fall einmal herauszupicken, an dem ein wichtiger Aspekt aus der Praxis an deutschen Gerichten besonders offensichtlich zutage tritt. Dafür drängt sich einer meiner Gerichtsfälle, der während der Arbeit an diesem Buch zu Ende gegangen ist, förmlich auf. Ich hatte fast schon nicht mehr damit gerechnet, dass ich diesen Tag überhaupt noch erleben würde, und musste erst einmal die Akte herauskramen und nachschauen, wann die Bauherren zum ersten Mal Kontakt mit mir aufgenommen hatten. Als ich die ersten Einträge aufschlug, konnte ich ein Kopfschütteln und Seufzen kaum unterdrücken, da ich es schwarz auf weiß vor mir sah: vor zwölf Jahren!

Die Anfänge dieses Falles sind mittlerweile also fast schon als historisch zu bezeichnen. Sei's drum, die Sattelmaiers wohnten (und wohnen auch heute noch) auf einem schönen Grundstück mit Hanglage. Ihr Garten wurde am unteren Ende zur Straße hin von einer Mauer begrenzt, die wegen des stark abfallenden Hangs sehr hoch war. Nach einer langen Regenperiode im Frühjahr bemerkten die Sattelmaiers, dass die vor kurzem erst erbaute Gartenmauer in großen Teilen abzustürzen drohte. Bereits auf den ersten Blick war klar, dass der Schaden groß und die Kosten entsprechend hoch ausfallen würden.

Die Bauherren sind erfolgreiche Unternehmer, die über das nötige Kleingeld verfügen, einen Schaden dieser Größenordnung auch rechtlich bis zur letzten Instanz zu verfolgen, wenn es nötig sein sollte. Viele Bauherren können das nicht – was ihnen zumindest vor Gericht eine Menge Ärger erspart.

Unabhängig von der finanziellen Situation meiner Mandanten ging es zunächst um zwei Dinge: den genauen Schaden feststellen und die Verantwortlichen an einen Tisch bringen, um ein langwieriges Gerichtsverfahren zu vermeiden oder zumindest zu beschleunigen. Ich leitete für die Bauherren deshalb ein sogenanntes selbständiges Beweisverfahren ein. Das kann der eigentlichen Gerichtsverhandlung vorgeschaltet werden und kommt vor allem bei einer gewissen Eilbedürftigkeit der Beweissicherung in Frage – und Eile schien angesichts der Einsturzgefahr geboten. Bei einer normalen Prozessdauer hätte der Verlust von Beweismitteln gedroht.

Und es sprach noch mehr dafür: Wenn nämlich ein Gutachter einseitig von einer Partei eingeschaltet wird, dann werden dessen Gutachten vor Gericht als qualifizierter Vortrag betrachtet, nicht aber als Beweismittel zugelassen. Das ist bei einem selbständigen Beweisverfahren und gerichtlich bestellten Gutachtern anders. Außerdem lässt sich mit diesem Verfahren oftmals ein langwieriger Hauptprozess umgehen, zum Beispiel wenn es dazu führt, dass sich die Parteien außergerichtlich einigen. Auch deshalb ist ein selbständiges Beweisverfahren bei zivilen baurechtlichen Streitigkeiten keine Seltenheit.

Das Ergebnis des Verfahrens ließ mich schlucken. Schaden an der Mauer, Kosten der Mängelbeseitigung und Neuplanung: satte 141 500 Euro!

Drei Firmen waren an dem Bau der Gartenmauer beteiligt gewesen: der Planer, der Rohbauer und der Gartenbauer. Um das Problem einvernehmlich zu lösen, schien es am pragmatischsten, sich gleich mit allen Parteien und deren Anwälten in einer großen Runde zu treffen und über eine außergerichtliche Lösung zu sprechen. Und das Ergebnis war gut: Wir einigten uns darauf, dass die Gegenseite Mauer und Garten zurückbauen würde, wobei die Arbeiten von dem Sachverständigen, der das Beweisverfahren durchgeführt hatte, planerisch begleitet und überwacht werden sollten. Die Kosten sollten nach den Verursacheranteilen von den drei Parteien der Gegenseite übernommen werden. Wie diese das unter sich aufteilten, spielte für uns keine Rolle.

Doch dann endete bereits die Einvernehmlichkeit, und ein Ultramarathon aus Warten und Ärger begann. Entgegen der ursprünglichen Planung dauerte die Sanierung keine zwei Monate, sondern zwei Jahre, und nach Abschluss der Sanierungsarbeiten wollte sich keiner der drei Verantwortlichen mehr daran erinnern, die Kosten des Verfahrens übernehmen zu müssen. Die Kosten, die für das Beweisverfahren und die

Bauüberwachung in den zwei Jahren entstanden waren, lagen bei 68 000 Euro. Auch wenn man sich vor Gericht und auf hoher See in Gottes Hand begibt, es ging um viel Geld und ein gebrochenes Versprechen – und deshalb klagten wir schließlich diese Summe ein.

Die Klage wurde umgehend eingereicht und vor dem Landgericht geführt. Nach sage und schreibe acht Monaten kam es zum ersten Gerichtstermin. Hätten wir von Anfang an geklagt, wäre die Mauer in der Zwischenzeit sehr wahrscheinlich eingebrochen. Nun stand sie zwar wieder, aber wir waren trotzdem hier. In den muffigen Gängen des Landgerichts saß ich mit meinen Mandanten, die noch nie zuvor bei Gericht und daher entsprechend verunsichert waren, und wir warteten darauf, dass die Verhandlung losging. Ich erklärte den beiden zur Überbrückung und Beruhigung noch einmal die normalen Abläufe und dass sie nichts zu befürchten hätten – zu diesem Zeitpunkt dachte ich selbst noch, dass eigentlich alles klar und eindeutig sein dürfte und das Verfahren nicht lange dauern konnte. Mit dieser Einschätzung sollte ich leider komplett danebenliegen.

Schon beim ersten Termin machte der Richter deutlich, dass er nicht erkennen könne, wo denn der Schaden für die Kläger liegen solle. Er hatte die Akte nicht gelesen, was sich bereits nach wenigen Minuten deutlich zeigte, als erste Kenntnislücken aufklafften. Das ist leider Gottes ein typisches Problem. Beim ersten Termin versuchen etliche Richter, die Sache mit einem schnellen Vergleich zu beenden, um kein Urteil schreiben zu müssen. Gerade bei den Bausachen ist das fast immer so.

Er schlug vor, dass die Gegenseite 25 000 Euro an meine Mandanten zahlen sollte. Das scheiterte allein schon daran, dass die drei Gegenparteien nicht dazu bereit waren. Und so verließen wir nach rund einer Stunde den Gerichtssaal wieder, ohne Urteil, ohne Vergleich.

Dass der Gerichtstermin mit etwa vierzig Minuten Verspätung begonnen hatte, ist kaum einer Erwähnung wert. Mir fällt so etwas schon gar nicht mehr auf, denn leider ist auch das keine Seltenheit. Das Zeitmanagement bei manchen Gerichten lässt wirklich zu wünschen übrig. Aber was sind schon vierzig Minuten gegen die nächsten acht Monate, die es nun wieder dauerte, bis eine gerichtliche Beweisaufnahme erfolgte, die ohne Ergebnis blieb. Weitere neun Monate später äußerte sich der Richter erneut zur Sache, dann folgte ein weiterer Termin. Alles ohne Ergebnis. Auch bei diesem zweiten Termin hatte ich wieder den Eindruck, dass der Richter die Akte nicht vollständig gelesen hatte. Wieder wurde beiden Parteien »Bange gemacht«, wo ein langes Verfahren hinführen würde, dass weitere Gutachten erforderlich seien, dass man sich die Kosten sparen und einen Vergleich schließen solle. Wir hatten den Eindruck, dass der Richter entweder keine Lust oder aber Angst vor der Entscheidung hatte. Ich bat darum, die Schriftsätze lesen zu dürfen und vor allen Dingen den Sachverständigen, der mehr als vier Jahre zuvor das Beweisverfahren begleitet hatte, als Zeugen zu laden. Meiner Bitte wurde leider nicht Folge geleistet – und wir mussten schon bald das dritte Jahr nach der Klageeinreichung abhaken.

Dann erhielten wir nach weiteren Monaten des Wartens die Mitteilung, dass ein Richterwechsel stattgefunden hatte. Das bedeutete: alles auf Anfang. Einerseits waren damit Jahre womöglich ganz für die Katz, andererseits blieb die Hoffnung, dass sich die neue Richterin besser vorbereiten würde. Der nächste Termin fand dann gut vier Jahre nach Klageeinreichung statt. Für die Kläger, die nicht verstehen konnten, wie die Justiz arbeitet, war es inzwischen unerträglich. Herr Sattelmaier sagte einmal völlig desillusioniert: »Wenn wir so arbeiten würden, hätten wir längst unsere Jobs verloren.« Richter mit Unternehmern zu vergleichen ist natürlich schwierig, aber ich konnte ihn sehr, sehr gut verstehen.

Auch die neue Richterin versuchte, die Parteien zu einem Vergleich zu überreden. Doch auch dieser Versuch scheiterte. Sie entschied sich dann, die Beweisaufnahme fortzuführen und den von mir benannten Sachverständigen zu hören. Dafür brauchte es aber natürlich wieder einen neuen Termin, und wir machten das, was wir schon die ganze Zeit überwiegend tun mussten: Wir warteten.

Irgendwann wurde ein neuer Termin angesetzt, das fünfte Jahr ging bereits zur Neige, doch wenige Tage vor der Sitzung wurde der Termin wegen eines erneuten Richterwechsels abgesagt. So einen Fall von Stillstand der Rechtspflege hatte ich noch nicht erlebt!

Und das Schlimme für mich war: Ich konnte für meine Mandanten überhaupt nichts beschleunigen, geschweige denn ändern. Mir blieb nichts weiter übrig, als die lange Verfahrensdauer zu rügen, für alles Weitere blieben mir die Hände gebunden. Was die Sattelmaiers verständlicherweise nur noch mehr frustrierte.

Nach weiteren drei Monaten meldete sich der Richter wieder, der das Verfahren zwei Jahre zuvor an seine Kollegin abgegeben hatte. Und tatsächlich wurde direkt ein Beweisaufnahmetermin anberaumt. Es war ein wichtiger Termin für uns und die Kläger, denn der Sachverständige des Beweisverfahrens sollte endlich gehört werden. Und nach weiteren zehn Monaten war es dann endlich so weit.

Die Sattelmaiers waren tapfere Mandanten, sie hofften trotz aller Jahre des Wartens immer noch mit einer guten

Portion Optimismus darauf, dass sich das Verfahren nach der Vernehmung des Sachverständigen endlich zum Guten wenden würde. Leider war dem nicht so: Als der Sachverständige als Zeuge in den Gerichtssaal gerufen wurde, erschien er nicht allein, sondern in Begleitung seines Sohnes. Dieser sagte, dass sich sein Vater wegen einer vor fünf Monaten begonnenen massiven Demenzerkrankung an nichts mehr erinnern konnte. Sechs Jahre nach Klageeinreichung war der wichtigste Zeuge der Kläger beim entscheidenden Termin nicht mehr aussagefähig. Für den Betroffenen und seine Angehörigen war die Demenz sicher ein schwerer Schicksalsschlag, doch auch für meine Mandanten war es ein herber Rückschlag im Hinblick auf den weiteren Prozess. Nach den unschönen Neuigkeiten wurde die Sitzung abgebrochen und ein neuer Termin anberaumt.

Wieder gingen Monate ins Land. Während der erneuten Wartezeit dezimierte sich die Gegenseite, jedenfalls erschien der Generalunternehmer, der die Planung gemacht hatte, beim nächsten Termin nicht: Sein Unternehmen war wegen Vermögenslosigkeit liquidiert worden. Da waren es nur noch zwei Beklagte, und gegen den dritten beantragten wir wegen Nichterscheinens ein Versäumnisurteil.

Im siebten Jahr des Klageverfahrens wurde dann ein neuer Sachverständiger beauftragt, der ein unvollständiges Gutachten vorlegte. Weitere Gutachten wurden von den beiden übrig gebliebenen Beklagten torpediert, da diese die Kostenvorschüsse nicht mehr einzahlten. Im Laufe des achten Prozessjahres wurde schließlich auch der zweite Beklagte insolvent, diesmal traf es den Rohbauer, der die Mauer gesetzt hatte.

Als der Richter ein weiteres Gutachten einholen wollte, für das die Kläger weitere 4000 Euro zu zahlen hatten, ging auch ihnen so langsam die Luft aus. »Die Abläufe vor Gericht, die ewigen Hängepartien, die Spielchen der Gegenseite, all das hat uns mürbe gemacht«, gestanden die Sattelmaiers. Und der Hintergrund des Beweisbeschlusses des Gerichts blieb in der Tat ein Rätsel. Die Sattelmaiers verweigerten daher nun ihrerseits die Einzahlung der Kostenvorschüsse. Was wiederum den Richter verärgerte.

In der Zwischenzeit befanden wir uns im neunten Jahr. Zu einem Termin konnten die Kläger nicht erscheinen, da sie sich auf einer sehr wichtigen Dienstreise befanden. Der Richter hatte den Termin für einen Dienstagvormittag um zehn Uhr festgelegt, obwohl er von der geplanten Reise gewusst hatte. Zu diesem elften (!) Gerichtstermin erschien ich also erstmals ohne die Kläger. Obwohl ich deren ausdrückliche Vollmacht hatte, brachte das den Richter aus der Fassung. Er war der Meinung, dass die Kläger das Gericht nicht ausreichend wertschätzten, und er wolle mit ihnen persönlich über einen Vergleich sprechen. Dass ich eine entsprechende Vollmacht vorliegen hatte, war ihm egal. Er spielte seine Macht aus und erlegte den Klägern eine Ordnungsstrafe von jeweils 500 Euro auf. Mir ist es zwar noch gelungen, den Richter davon zu überzeugen, diese Ordnungsstrafen wieder zurückzunehmen, dieser minimale Zwischenerfolg hatte aber keinerlei Bedeutung in dieser unendlichen Geschichte.

Der Aktenumfang in meiner Kanzlei hatte mittlerweile zehn Leitzordner erreicht. Der »Fall der Mauer« war für alle Beteiligten unüberschaubar geworden. Auch deshalb war ich längst davon überzeugt, dass der Richter die Parteien zu einem Vergleich zwingen wollte. Jedenfalls wollte er keine Entscheidung treffen, was mir bei diesem eindeutigen Fall nicht einleuchten wollte. Was ich aber auch nicht ändern konnte. Es ging wohl auch um eines der üblichen Machtspielchen, auch wenn das niemand zugeben würde.

Im zehnten Jahr nach der Klageerhebung war dann aber schließlich der Punkt erreicht, an dem eine Entscheidung getroffen werden musste. Der Richter beraumte einen Verkündungstermin an. Es kam aber nicht zu einem Urteil, sondern zu einem erneuten Beweisbeschluss. Offensichtlich hatte der Richter zur Vorbereitung des Urteils nach zehn Jahren erstmals die Akte richtig gelesen und bemerkt, dass er noch Beweise erheben musste. Doch keiner der Zeugen konnte sich noch genauer an etwas erinnern. Und so gingen wieder wertvolle Monate verloren.

Erst vor einigen Wochen wurde das Urteil zugestellt – zehn Jahre und drei Wochen nach Klageerhebung und über zwölf Jahre nach Feststellung des Schadens: Die Beklagten wurden verurteilt, den Klägern die volle Klagesumme von 68 000 Euro zu zahlen. Doch keiner der Beklagten war noch zahlungsfähig, die langen Jahre der Prozessdauer hatte am Ende auch der Dritte im Bunde nicht überstanden.

Nach so langer Zeit haben die Kläger das Verfahren zwar »gewonnen«, sind aber aufgrund der Insolvenz der Beklagten nun verpflichtet, die Gerichtskosten selbst zu tragen. Das waren mehr als 20 000 Euro, ohne die Anwaltskosten und die Forderung von 68 000 Euro, die sie wegen der Insolvenz der Beklagten nicht mehr durchsetzen konnten. Man muss kein Fachmann sein, um festzuhalten: Es ist einfach unfassbar, dass dieser Fall so lange gedauert und nun nach dieser langen Zeit ein so mieses Ergebnis gebracht hat.

Seit ich die Akte der Sattelmaiers ein letztes Mal durchgelesen habe, fühle ich mich in meinem Credo umso bestärkter: Alles, was nicht bei Gericht landet, ist gut! Denn bei Bauprozessen gibt es nur sehr selten einen Gewinner. Auch der Sachverständige Malte Oelze bestätigt diesen Eindruck in einem Interview in *brand eins* vom Oktober 2015: »Ich habe in

35 Berufsjahren keinen einzigen Fall erlebt, in dem ein Kläger vor Gericht seine Forderungen zu 100 Prozent durchsetzen konnte. In den meisten Fällen endet es mit einem Vergleich. Wenn man das weiß, kann man sich auch gleich an einen Tisch setzen und mithilfe eines Anwalts oder Sachverständigen eine Lösung verhandeln.« Vorausgesetzt natürlich, die Gegenseite lässt sich darauf ein.

Leider kommen viele Bauherren erst in meine Kanzlei, wenn das Kind schon in den Brunnen gefallen ist. Dabei sollte ein Anwalt besser als präventiver Berater und nicht erst als Streithelfer in höchster Not in Anspruch genommen werden. In den allermeisten Fällen ist man damit gut beraten, wie meine Erfahrung und auch das letzte Kapitel zeigen. Im Fall der Sattelmaiers machte das besondere Ausmaß des Stillstands der Rechtspflege jeglicher juristischen Beratung aber leider einen Strich durch die Rechnung, was die Bauherren viel Geld, Nerven und Lebensqualität kostete.

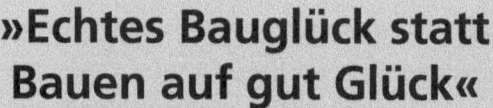

»Echtes Bauglück statt Bauen auf gut Glück«

Was will ich, was kann ich mir leisten, wer hilft mir?

In diesem Buch haben Sie bislang überwiegend Geschichten gefunden, die von Pfusch, Betrug, Leichtsinn und den daraus entstandenen Katastrophen handeln. Diese Fälle sind natürlich nicht repräsentativ für den durchschnittlichen Hausbau, Scheitern ist keineswegs der Normalfall – so schrecklich muss Bauen nicht zwangsläufig sein! Nein, es lässt sich an diesen Negativbeispielen einfach nur besonders anschaulich und eindrücklich zeigen, was alles schiefgehen kann und wo die größten Gefahren lauern.

Den Abschluss – als »Versöhnung« gewissermaßen – soll nun die Geschichte eines rundum gelungenen Hausbaus bilden, nämlich die von Familie Hoffmann. Als mein Mann und ich vor zehn Jahren selbst gebaut haben, hatten wir das Glück, ebenfalls einen reibungslosen Bauverlauf erleben zu dürfen. Ich weiß also auch aus persönlicher Erfahrung, wie anstrengend, aber auch wie erfüllend und großartig ein Hausbau sein kann. Eine Erfahrung, die ich jedem privaten Bauherrn von Herzen wünsche.

Dank meiner langjährigen Berufserfahrung kenne ich nun aber auch, wie Sie gelesen haben, die immer und immer wieder entstehenden Probleme, die es zu umschiffen, und die schwarzen Schafe, die es zu erkennen und zu meiden gilt. Ich bin absolut davon überzeugt, dass es eine Art »Königsweg« für echtes Bauglück gibt. Und dieses Glück hat nichts mit Dusel oder dem Jackpot in einer Lotterie zu tun, sondern in erster Linie mit guter Vorbereitung.

Nachdem ich einige wirklich schlimme Schicksalsschläge miterlebt hatte (denken Sie nur an Frau Schmidt im Kapitel *Das war im Plan nicht eingezeichnet*), reifte in mir ein Entschluss: Ich wollte private Bauherren unterstützen, *bevor* sie zu meinen Mandanten werden. Denn in der Praxis ist es meistens so, dass die Bauherren erst dann zu mir kommen, wenn der Zug längst abgefahren ist. Dann lässt sich nur noch in den seltensten Fällen der Hausbau komplett retten, meistens müssen Abstriche gemacht, also finanzielle Einbußen und/oder qualitative Mängel hingenommen werden. Und manchmal ist selbst der Super-GAU nicht mehr abzuwenden: Privatinsolvenz, Scheidung, bis hin zum Freitod. Gerade die Extremfälle (aber nicht nur die!) lassen sich nicht erklären ohne die Feststellung, dass es bei uns keine Lobby für private Bauherren gibt. Zumindest keine, die mit ihrem Gegenüber auch nur annähernd mithalten könnte. Aus meiner Sicht ist das die eigentliche Ursache für die meisten Probleme beim Hausbau. Probleme, die zum allergrößten Teil vermeidbar wären.

Daran hat außer den privaten Bauherren aber natürlich so gut wie niemand ein Interesse. Statt auf wirklich zufriedene Kunden, die einen weiterempfehlen, zu setzen, erscheint weiten Teilen der Branche das bisherige Modell als gewinnträchtiger. Das ist normalerweise eine kurzsichtige Einstellung, die sich früher oder später bitter rächt. Doch weil die Baubranche ein Markt bleibt, bei dem die Anbieterseite dominiert und das Geschehen diktiert, wird sich daran von alleine auch nichts ändern. Schon gar nicht so schnell, wie es nötig wäre, denn es ist bereits seit langem überfällig.

Weil das Warten auf fremde Hilfe nicht mein Ding ist, wollte ich herausfinden, ob ich nicht selbst gegen diese Schieflage ankämpfen könnte. Also machte ich es mir zum Ziel, die Bauherrin und den Bauherren schon früher als sonst üblich zu erreichen und für das Großprojekt Hausbau so gut wie möglich vorzubereiten, sie für die einzelnen Planungs- und Bauphasen einerseits zu sensibilisieren, andererseits zu stärken. Denn ohne eine gesunde Mischung aus Kompetenz und Konfliktfähigkeit wird man beim Hausbau, wie Sie in den vorherigen Kapiteln lesen konnten, schnell zum Opfer.

»Wir haben das so unterschrieben, weil der Unternehmer sagte, der Vertrag bleibt so und wird nicht mehr geändert.«

»Wenn wir nicht gezahlt hätten, hätte er die Arbeiten eingestellt.«

»Wir wollten den Architekten nicht verärgern.«

»Wie soll ich das denn dem Unternehmer sagen?«

Sätze wie diese sollten der Vergangenheit angehören, wenn Bauherren präventiv geschult und »fit« für ihr Bauvorhaben sind. Gut beraten und vorbereitet, sollten sie stattdessen kompetente Antworten geben und selbstbewusst reagieren können, falls trotzdem noch Unstimmigkeiten oder ernsthafte Probleme auftauchen. So stelle ich mir das vor!

Wenn mir zum Beispiel ein Unternehmer sagt, dass der Vertrag so und nicht anders unterschrieben werden soll, und ich der Meinung bin, der Vertrag ist nicht ausgewogen und zu meinem Nachteil, dann lasse ich mir nicht die Pistole auf die Brust setzen und unterschreibe den Vertrag *nicht!*

Wenn der Unternehmer droht, die Bauarbeiten bei ausbleibenden Zahlungen einzustellen, obwohl das im Vertrag anders geregelt ist, dann setze ich ihm eine Frist per Einschreiben. Und wenn er dann immer noch nicht weiterarbeitet, drohe ich auf demselben Weg die Kündigung an. Meist kommt er dann in die Gänge!

Wenn mir der Unternehmer sagt, dass er mir vor der ersten Zahlung keine Vertragserfüllungssicherheit geben wird, dann sage ich ihm, dass er dazu verpflichtet ist, weil das so im Gesetz steht, und zwar seit 2009! Das schöne Wort Vertragserfüllungssicherheit entpuppt sich in der Praxis als Puffer von 5 bis 10 Prozent, die der Bauherr – als Sicherheit gewissermaßen – von den Zahlungen an den Bauunternehmer einbehalten kann. Wird zum Beispiel die erste Rate fällig – das ist in der Regel direkt zu Baubeginn, und sie umfasst circa 30 Prozent der Bausumme –, dann müssen nur 20 bis 25 Prozent direkt gezahlt werden. Der Rest, also die erwähnten 5 bis 10 Prozent, werden erst dann fällig, wenn das Haus ohne Mängel steht. Oder anders ausgedrückt: wenn der Vertrag komplett erfüllt wurde, daher auch Vertragserfüllungssicherheit. Und wenn der Unternehmer trotz meines Hinweises auf die Gesetzeslage immer noch nicht die Sicherheit vorlegt, dann ziehe ich die gesetzlich vorgesehenen 5 Prozent der Gesamtbausumme eben von der ersten Abschlagszahlung ab!

Diese Reaktionen klingen mutig? Nicht in meinen Ohren. Für mich macht da jemand nur von den Rechten Gebrauch, die ihm ohnehin zustehen. Kurz gesagt: Wer seine Rechte kennt, ist klar im Vorteil. Wer seine Rechte lebt, führt den Bauablauf. Und genau das sollte das Ziel des »Bauherrenführerscheins« sein, den ich im Laufe der Jahre ausgearbeitet habe, eine Art Crashkurs für Häuslebauer, der die wichtigsten Fragen von der Entscheidung zum Hausbau über die Finanzierung und den Bauvertrag bis zum Abgabetermin behandelt.

Nachdem ich ein Konzept erarbeitet hatte, von dem ich

überzeugt war, dass es potenziellen Bauherren eine gute Entscheidungshilfe wäre, wollte ich es natürlich auch in der Praxis testen. Doch es stellte sich als ziemlich schwierig heraus, möglicherweise interessierte Bauherren rechtzeitig abzupassen, also noch bevor sie die Entscheidung zum Bauen überhaupt gefällt hatten. Wie erreicht man Menschen, die beim Hausbau an alles denken, nur nicht an eine anwaltliche Beratung vor Vertragsunterzeichnung? Zumal in Deutschland, wo man der Bevölkerung nicht von ungefähr nachsagt, gerne mal ein wenig »beratungsresistent« zu sein.

Da etwa 80 Prozent meiner Mandanten junge Familien sind, konzentrierte ich mich zunächst auf diese Zielgruppe. Die Frage war: Wo kann ich sie am besten ansprechen, fachlich wie emotional? Im Baumarkt, bei den Banken, auf Messen? Mit einem Bericht in der Tageszeitung? Vielleicht auch dort, aber eine hohe Trefferquote hätte ich damit wohl eher nicht, schließlich bin ich die letzten zehn Jahre auch schon diese Wege gegangen. Leider oft genug mit mittelmäßigem Erfolg. Nein, es stellte sich heraus, dass man die Leute dort abholen muss, wo sie sich eh pausenlos bewegen, im Internet. Selbst ein realer Hausbau beginnt für junge Bauherren heute mit einer virtuellen Recherche. Ganz normal.

Über meine Netzwerke bei XING, LinkedIn und Facebook habe ich dann immer wieder auf verschiedene Bauthemen hingewiesen, Risiken beim Hausbau angesprochen, Diskussionen angezettelt, um vorzufühlen, ob auf diesem Weg mögliche Interessenten für einen Bauherrenführerschein zu finden sind. Von der Resonanz im Netz war ich wirklich überrascht, und im Sommer 2013 war es dann tatsächlich so weit: Ich kündigte den ersten Bauherrenführerschein an, bei dem außer mir noch ein Baubegleitender Qualitätskontrolleur (kurz und scherzhaft BBQ genannt), ein Bodengutachter sowie ein Handwerker den Interessenten als Experten zur Verfügung stehen sollten – und es kamen für diesen Abend mehr Anmeldungen, als ich annehmen konnte. Unter anderem nahmen auch die Hoffmanns teil.

Die junge Floristin und der Lehrer hatten die Veranstaltung interessiert verfolgt und sich einige Zeit später wieder in meiner Kanzlei gemeldet. Für sie war klar: »Wir wollen von Anfang an klare Verhältnisse und während der Bauphase eine kompetente Beratung – auf keinen Fall machen wir einen Alleingang, nur um ein paar Euro zu sparen.« Sie hatten beim Bauherrenführerschein wichtige erste Einblicke bekommen, aber es gab für sie noch viel mehr offene Fragen, als man bei so einer Veranstaltung klären kann.

Also haben wir uns darangemacht, ein schlagkräftiges Team für die Hoffmanns zusammenzustellen. Das besteht in der Regel aus einem Finanzierungsberater, einem Sachverständigen und einem Juristen, um alle relevanten Fachgebiete optimal abzudecken. Bei den Hoffmanns lag der Fall ein bisschen einfacher, weil sie die Fragen der Finanzierung bereits mit dem Berater ihrer Hausbank geklärt, aber – wichtig! – noch nichts unterschrieben hatten. Ich schaute mir die Finanzierung an, auch für mich sah sie absolut solide aus, an den Konditionen war nichts auszusetzen. Wir konnten den ersten Punkt unserer Checkliste also sehr schnell abhaken und uns dem Thema Grundstückskauf widmen.

Auch hier hatten die Hoffmanns gute Vorarbeit geleistet und die wichtigsten Informationen bereits eingeholt. Ich empfahl den beiden noch eine verlässliche Adresse für ein Bodengutachten, damit sie böse Überraschungen auch sicher ausschließen konnten (anders als die Schongeists im Kapitel *Ich weiß mir zu helfen!*) und alle Voraussetzungen für die Planung und Baugenehmigung erfüllt wären. Auch das lief einwandfrei, mit dem abgeschlossenen Grundstückskauf war somit schon Punkt zwei abgehakt. Jetzt konnten wir uns voll und ganz auf Baufragen konzentrieren. Und dafür konnte ich einen alten Bekannten als Sachverständigen für unser Team gewinnen.

Zehn Jahre zuvor, bei unserem eigenen Hausbau, hatten wir das Glück, mit Bernd Baumann zusammenzuarbeiten. Der erfahrene Architekt ist ein »alter Hase« im Geschäft, dem auf einer Baustelle niemand etwas vormachen kann. Er spricht die Bausprache, kann gut mit Menschen jeder Art umgehen, nimmt kein Blatt vor den Mund und ist obendrein eine echte Type. Sein mittlerweile ergrautes Haar trägt er schon seit vielen Jahren zu einem langen Zopf gebunden, doch sein Fitnesszustand war nicht schon immer der von heute. Er sagt selbst, er sei früher eine »Couch-Potato« gewesen, doch das mag man ihm heute kaum glauben. Seit zehn Jahren läuft er Marathons, ist topfit, und man sieht ihm die fast siebzig Jahre nicht an. Er ist den New-York-Marathon gelaufen, in Berlin, Paris, Tokio und auf Hawaii, er hat ein Rennen an der Chinesischen Mauer absolviert, und in der Wüste des Sultanats Oman ist er auch schon gelaufen. Unfassbar, wenn man bedenkt, wie spät er mit dem Laufen begonnen hat. Aber nicht das Laufen macht ihn zu einem der besten Baubegleiter, den ich kenne – denn Weglaufen ist auf Baustellen keine Lösung. Spaß beiseite, weglaufen würde Herr Baumann eh nicht, das entspricht nicht seinem Naturell. Und mit seiner jahrelangen Berufserfahrung und seinem enormen Wissensschatz, aus dem er schöpfen kann, muss er ohnehin keine Baustelle fürchten. Einen besseren Lotsen, der seine Aufgaben mit Freude anpackt, kann man sich als Bauherr nicht wünschen.

So, genug des Lobes von meiner Seite. Bauunternehmer

sehen das bisweilen nämlich anders, wenn ein BBQ auf der Bildfläche erscheint. Dürfen sie meinetwegen auch, aber wir arbeiten am Ende eben nur *mit* diesen Bauunternehmern, *nicht für* sie. Bei aller Kooperation, die wir anstreben: Wir sind für die privaten Bauherren da, und da hat man eben bei ein und derselben Baustelle immer wieder unterschiedliche Perspektiven.

Natürlich ist die Einschaltung eines Baubegleitenden Qualitätskontrolleurs immer wieder mit ein bisschen (und manchmal auch mit viel) Unmut auf Seiten des Bauleiters der Baufirma verbunden, denn der will sich nichts sagen lassen und keine Dritten in »seinem Revier« haben. Das muss sich immer erst einspielen, bis es läuft. Man könnte auch sagen: Am Anfang gibt es immer ein mehr oder weniger subtiles Hauen und Stechen um Kompetenzen, Respekt und Durchsetzungsvermögen. Das kenne ich auch noch gut von unserer eigenen Baustelle, als Herr Baumann den Hausbau meiner Familie begleitete. Der Bauleiter, Herr Hagen, und Herr Baumann waren sich anfangs alles andere als grün. Der Satz »Der hat ja keine Ahnung« fiel zu Beginn der Arbeiten so oft, dass ich irgendwann aufgehört habe mitzuzählen. Und es fielen wahrscheinlich noch ganz andere Sätze. Am Ende jedoch, noch bevor der Abnahmetermin unausweichlich näher rückte, lief dann alles so reibungslos, als hätten die beiden nie mit irgendjemand anderem zusammengearbeitet. Ein richtig gutes Gespann hatte sich da gebildet. Und ich übertreibe nicht, wenn ich behaupte, dass die beiden sogar freundschaftlich verbunden waren, als unser Bauvorhaben schließlich abgeschlossen war.

Zurück in die Gegenwart: Die Hoffmanns hatten sich bereits ganz zu Beginn ihrer Hausbauträume ein genaues Bild von ihren Ansprüchen und Bedürfnissen gemacht, wie viel

Wohnfläche, wie viele Zimmer, welche Ausstattungsqualität, Garten, Balkon und so weiter. Diese grundsätzlichen Überlegungen standen logischerweise noch vor der Finanzierung an. Jetzt mussten sie allesamt konkretisiert und entschieden werden. Und dafür musste ein Bauunternehmer gefunden werden, der alles wie gewünscht realisieren konnte. Oder die Realität so nah wie möglich an die Träume rückte.

Der Favorit der Hoffmanns war schließlich eine Baufirma, die als Generalunternehmer auf dem Grundstück das Haus bauen sollte, besser gesagt: ein Totalunternehmer, weil auch die Planung des Hauses mit angeboten wurde. Die Planung der Firma Mooshuber nahm Herr Baumann unter die Lupe. Da es daran wenig zu bemängeln gab, konnten wir uns auf Grundlage der Planung und des Bodengutachtens ein verbindliches Angebot machen lassen.

Die Hoffmanns legten mir den Vertragsentwurf der Baufirma Mooshuber vor, und ich übernahm die Prüfung. Nachdem ich diesen auf Herz und Nieren durchgearbeitet hatte, schlug ich an einigen Stellen noch ein paar Ergänzungen zugunsten beziehungsweise zur Absicherung der Bauherren vor. Die Baufirma war zwar nicht gerade glücklich, dass ihnen jemand auf die Finger schaute, am Ende aber froh, dass ein ausgewogener Vertrag unterschrieben wurde, der für beide Parteien Sicherheit bot.

Jetzt waren wir außerdem auf der sicheren Seite bezüglich der Baugenehmigung und konnten diese beantragen. Bis hierhin lief alles wie am Schnürchen, die Bauherren und das unterstützende Team konnten absolut zufrieden sein und den Startschuss für den ersten Spatenstich geben. Als es nun also tatsächlich auf der Baustelle losging, übergab ich das Staffelholz für einen längeren Zeitraum an den BBQ Baumann. Während der gesamten Bauphase kontrollierte er in Abstimmung mit den Hoffmanns die wichtigsten Schritte auf der Baustelle und sorgte so auch dafür, dass die nächsten Zahlungen immer erst angewiesen wurden, nachdem eine mangelfreie Ausführung festgestellt wurde. So wie es im Vertrag festgelegt war.

Abgesehen von den üblichen Kleinigkeiten und der Kennenlernphase lief bis zur Abnahme alles super. Das Team Hoffmann-Baumann-Mooshuber arbeitete konstruktiv miteinander, und dann, acht Monate nach Baubeginn, meldeten sich die Bauherren wieder bei mir und baten mich, sie bei der Abnahme zu begleiten.

Die Abnahme ist eine wichtige Rechtshandlung beim Bauen und wird doch immer wieder von den Bauherren unterschätzt oder falsch wahrgenommen. Sie wird in der Baupraxis oft als eine Erklärung gesehen, in der sich der Unternehmer und die Bauherren gemeinsam auf etwas einigen, was aber falsch ist! Die Abnahme ist eine einseitige Erklärung des Bauherrn, dass er das Haus, so wie er es am Ende der Baumaßnahme vor sich hat, als im Wesentlichen mangelfrei akzeptiert, und sie muss nur vom Bauherrn erklärt werden, um rechtsgültig zu sein.

Weil es danach absolut kein Zurück mehr gibt, möchte ich hier noch ein paar ganz wichtige Punkte und häufige Fehler bei der Abnahme ansprechen. Der Abnahmetermin ist nämlich nicht etwa ein besonderer Service des Bauunternehmens, sondern eine der Hauptpflichten des Bauherrn! Ja, richtig, der Bauherr hat die Pflicht zur Abnahme eines mangelfreien Bauwerks, also die vom Unternehmer fertiggestellte Leistung nach vertragsgemäßer Leistungserfüllung zu billigen, wie es im Juristendeutsch so schön heißt. Und zwar ganz gleich, ob der Bauvertrag nach dem BGB oder nach der VOB/B (Vergabe- und Vertragsordnung für Bauleistungen, Teil B) vereinbart wurde. Verweigert der Bauherr grundlos die Abnahme, kann diese vom Unternehmer selbständig eingeklagt werden. Spätestens an diesem Punkt versteht man die Bedeutung des Wortes Pflicht.

Zu den häufigsten Fehlern, die dabei begangen werden, zählen Zwischenabnahmen und sogenannte stille Abnahmen. Von Zwischen- oder Teilabnahmen einzelner Gewerke rate ich dringend ab, allein schon weil vom Zeitpunkt der Abnahme die Gewährleistungszeit beginnt, auch bei Zwischenabnahmen. Je nach weiterem Bauverlauf kann das zu erheblichen Rechtsnachteilen für die Bauherren führen. Besser also eine saubere Gesamtabnahme nach Fertigstellung des Hauses.

So eine Gesamtabnahme muss nicht zwangsläufig in einer ausdrücklichen Form erfolgen. Eine stille Abnahme kann beispielsweise vorliegen, wenn der Bauherr in das Haus einzieht. Der Bauunternehmer könnte aus diesem Verhalten der Bauherren schließen, dass sie das Bauwerk als im Wesentlichen mangelfrei anerkennen. Man spricht dann auch von schlüssigem Handeln oder konkludentem Verhalten. Wie auch immer man es nennen mag: Sollten Sie als Bauherr in ein nicht mangelfreies Haus einziehen, müssen Sie durch entsprechende schriftliche Korrespondenz dokumentieren, dass Sie trotz Einzug die Leistung des Unternehmers nicht als im Wesentlichen mangelfrei anerkennen. Also immer aufpassen, bevor Sie übereilt einziehen!

Wem das zu kompliziert vorkommt, dem sei geraten, was ich jedem Bauherrn eh dringend rate: keine Abnahme ohne Sachverständigen! Dann bleiben Ihnen nämlich auch die weiteren klassischen Fehler erspart: eine unvorbereitete Abnahme, eine fehlende oder fehlerhafte Dokumentation und/oder vergessene Vorbehalte. Vor allem aber kann ein Sachverständiger mit seiner fachlichen Kompetenz überhaupt erst beurteilen und beantworten, worauf es bei diesem letzten Meilenstein wirklich ankommt: Wurde das Bauwerk entsprechend der vertraglich geschuldeten Leistungsbeschreibung mangelfrei erstellt?

Die Hoffmanns wurden von Herrn Baumann auf den Abnahmetermin ausführlich vorbereitet. Dazu gehört es, eine Vorbegehung durchzuführen, um vorhandene Mängel zu dokumentieren. Man macht also eine Art Probelauf und spielt den letzten Akt schon einmal gemeinsam durch. Bei der Vorbegehung mit BBQ Baumann fertigten die Hoffmanns schon einmal ein detaillierteres Mängelprotokoll an, das wir bei der Abnahme dann als Tischvorlage heranziehen konnten. So konnten wir letzte Mängelbeseitigungen zwischen Vorbegehung und Abnahmetermin feststellen und vor allem vermeiden, dass uns kurz vor Schluss noch ein wichtiger Mangel durch die Lappen ging. Wir wussten also schon, wo es sehr wahrscheinlich zu Diskussionen kommen würde, weil sich Mooshuber und Baumann über Mängel nicht einig waren. Die Qualität des Putzes stand bei den Hoffmanns zum Beispiel ganz oben auf dieser Liste. Wir waren jedenfalls bestens präpariert.

Das Abnahmeprotokoll wurde dann beim wirklichen Abnahmetermin erstellt, um alle zum Zeitpunkt der Abnahme vorhandenen Mängel ordnungsgemäß zu dokumentieren. Einzig dieses Protokoll war juristisch relevant, falls wir Ansprüche auf Mängelbeseitigung erheben mussten – keine Versprechen auf der Baustelle, keine E-Mail vorab, nur das Protokoll würde den Ausschlag geben, sobald es unterschrieben war.

Neben dem Datum, den Namen der Teilnehmer und der Mängelliste muss ein korrekt erstelltes Protokoll unbedingt auch den Vorbehalt etwaiger Ansprüche bezüglich der auf-geführten Mängel und gegebenenfalls eine vereinbarte Ver-tragsstrafe enthalten, bevor es unterschrieben wird. Das konnte selbst bei einer alles in allem so problemlosen Bau-stelle wie bei den Hoffmanns extrem wichtig werden, denn andernfalls erlosch mit der Unterzeichnung und der vollzo-genen Abnahme jeglicher Erfüllungsanspruch gegenüber der Baufirma Mooshuber. Auch Ansprüche zur Geltendmachung einer Vertragsstrafe verwirken mit der Unterschrift, sofern sie nicht schriftlich festgehalten werden. Denn mit der Unter-schrift unter dem Abnahmeprotokoll ging nicht nur das Haus in den Besitz der Hoffmanns über: Mit der Übernahme des Objekts ging auch der Gefahrübergang für alle Lasten des Objekts einher. Man spricht daher auch von der Umkehr der Beweislast, ob zum Zeitpunkt der Abnahme ein Mangel vorgelegen hat. Stark vereinfacht: Ein Mangel liegt vor, wird aber erst nach der Unterschrift erkannt – jetzt müssen Sie beweisen, dass der Mangel bereits vor der Abnahme bestand. Je nach Mangel ist das im Nachhinein kaum noch möglich!

Sie merken schon: Die Unterzeichnung des Abnahme-protokolls ist eine Rechtshandlung, die zu erheblichen Rechtsfolgen führen kann, und sollte deshalb von Profis vor-bereitet und begleitet werden. Die Hoffmanns wollten den Abnahmetermin aus diesem Grund auf keinen Fall ohne mich machen und baten mich, zu kommen und das Ab-nahmeprotokoll zu führen.

Am Tag der Abnahme empfingen mich bereits die gut-gelaunten Bauherren vor dem Haus. Die Hoffmanns waren natürlich gespannt, wie der Termin verlaufen würde, fühlten sich aber gut vorbereitet und dementsprechend vorfreudig. Herr Baumann und der Bauleiter der Firma Mooshuber waren auch schon da, und als ich das Haus betrat, kam der

Bauleiter mit großen Schritten auf mich zu und begrüßte mich in breitestem Hessisch: »Ei, die Frau Rechtsanwältin, immer widder schön, Sie zu sehe. Hammer was verbroche?«

Auch er schien bester Laune, die Abnahme konnte also in absolut positiver Stimmung beginnen. Das ist natürlich nicht immer der Fall. Manchmal reicht schon schlechtes Wetter, und der Termin geht ungemütlich los, manchmal hat die andere Seite von Anfang an eine böse Vorahnung oder ein schlechtes Gewissen wegen irgendetwas und verzichtet auf jede Freundlichkeit. Ich kann das nicht verstehen: Freundlich zu lächeln hat mir auf Baustellen schon immer geholfen, wohl auch, dass ich dort in robusten Schuhen und sportlich gekleidet und nicht im schicken Kostüm auftauche. Damit möchte ich meinem Gesprächspartner zeigen, dass ich mich nicht über ihn stelle, sondern ihm auf Augenhöhe begegne. Respekt vor dem anderen ist mir immer wichtig, aber man muss auch Tacheles reden können. Wenn das Gegenüber mal frech wird oder unfreundlich, dann halte ich es mit der Empfehlung meiner Eltern: »Sei freundlich zu unfreundlichen Menschen, sie brauchen es besonders.«

Doch an diesem Tag war das alles kein Thema, und obendrein schien die Sonne von einem strahlend blauen Himmel. Nach der freundlichen Begrüßung ging es direkt zur Sache, denn eine Abnahme kann, je nach Größe des Hauses und Anzahl der Diskussionspunkte, gut und gerne vier Stunden dauern, darauf muss man sich einstellen. Wie wir es vorab vereinbart hatten, übernahm nun Herr Baumann gewohnt souverän das Zepter und gab Tempo und Marschroute vor. Wir begannen im Obergeschoss, um dann von oben nach unten Raum für Raum durch das komplette Haus zu gehen.

Da ich das Protokoll direkt vor Ort handschriftlich verfasste, hatte ich mich neben ausreichend Schreibutensilien

natürlich auch mit den Plänen des Hauses, der Leistungsbeschreibung sowie der Mängelliste aus der Vorbegehung
bewaffnet. Alles, womit wir nicht einverstanden waren,
nahm ich in das Protokoll auf. Die Bauherren waren sehr
genau: Sie öffneten jedes Fenster, prüften jede Tür, jede Steck-
dose, jede Fliese im Bad, das Wasser und die Heizung. Wie es
sich gehört.

So konstruktiv der Termin auch ablief: Selbst im Fall Hoffmann gab es einige Punkte, die ausgiebig diskutiert wurden.
Einer sogar ziemlich hitzig. Für die allermeisten Beanstandungen fanden wir direkt vor Ort eine gemeinsame Lösung,
über die Qualität des Putzes wurden wir uns an diesem Tag
allerdings nicht einig. Die Bauherren kündigten daher an,
dass sie den Putz in der angebrachten Qualität nicht akzeptieren würden, da er nicht an allen Stellen die bestellte Qualität Q3 hatte. Das sah der Bauleiter ganz anders und ließ
sich auch bei unserem Abnahmetermin einfach nicht überzeugen.

Natürlich sollte man beim Abnahmetermin immer darauf
hinwirken, dass der Bauunternehmer vorhandene Mängel
anerkennt. Das würde allein schon wegen der Umkehr der
Beweislast die Sache vereinfachen. Doch das gelingt im Gespräch nicht immer auf Anhieb, oft genug auch gar nicht.
Spätestens dann ist allerdings eines gut zu wissen: Einzig
der Bauherr bestimmt die Auflistung der Beanstandungen
und unterzeichnet am Ende der Abnahme das Papier. Und da
die Abnahme nur von Seiten des Bauherrn erklärt wird, muss
der Bauleiter das Protokoll nicht unterschreiben. Immer wieder erlebe ich Streit mit Bauleitern, die sagen, dass sie das
Protokoll mit den vielen Mängeln nicht unterschreiben. Das
müssen sie auch gar nicht! Es ist zwar immer besser, wenn
man sich einigt und beide Seiten unterschreiben, aber juris-

tisch wird die Abnahme nicht ungültig, nur weil Bauleiter nicht einverstanden sind. Viele Bauherren wissen das nicht und lassen sich dann bereits im Protokoll auf Kompromisse ein. In der Regel zu ihrem Nachteil.

Bei der Qualität des Putzes im Haus der Hoffmanns wurden wir uns an diesem Tag also nicht einig, nahmen den Punkt aber natürlich ins Protokoll mit auf, denn das schriftliche Festhalten ist in diesem Moment entscheidend. Nach der Abnahme entstehen Ansprüche auf Mängelbeseitigung nämlich nur, soweit das Abnahmeprotokoll diesen Mangel auch enthält. Außerdem hat der Bauherr ein Zurückbehaltungsrecht bezüglich der Kosten für die Beseitigung der vorhandenen Mängel. Damit der Unternehmer sich auch wirklich beeilt, besteht dieses Zurückbehaltungsrecht in zweifacher Höhe der Mängelbeseitigungskosten. Mit Faktor zwei lässt sich natürlich ziemlich effektiv Druck ausüben, weshalb man auch vom Druckzuschlag spricht. Das ist beim Hausbau einer der viel zu wenigen Hebel im Sinne des Verbraucherschutzes. Es sollte noch wesentlich mehr solcher Instrumente für private Bauherren geben, um für ein bisschen mehr Chancengleichheit zu sorgen.

Die Hoffmanns machten von ihrem Zurückbehaltungsrecht jedenfalls Gebrauch und zahlten wegen der Qualitätsmängel beim Putz einen Teilbetrag von 10 000 Euro nicht. Nach dem Abnahmetermin war für mich noch eine ganze Reihe von Telefonaten mit dem Bauleiter erforderlich, doch nach drei Wochen hatten wir auch in diesem letzten Punkt eine einvernehmliche Einigung: Da der Aufwand für die Beseitigung der (zwischenzeitlich bewiesenen) Mängel am Innenputz in der vertraglich vereinbarten Qualität zu groß gewesen wäre, nahm die Firma Mooshuber die Minderung von 10 000 Euro in voller Höhe hin. Die Baubegleitung bis hin zur Abnahme hatte sich für die Hoffmanns somit nicht nur qualitativ gelohnt.

Doch halt, ganz zu Ende ist der Hausbau auch nach der finalen Abnahme und dem Einzug immer noch nicht. Vor Ablauf einer fünfjährigen Gewährleistungsfrist findet nämlich noch einmal eine Prüfung durch einen BBQ statt. Ich hoffe sehr, dass ich Herrn Baumann dann wieder mit im Boot habe, denn schließlich war es auch sein Verdienst, dass die Hoffmanns innerhalb der vorgesehenen Bauzeit ihr neues Haus beziehen konnten.

Auch der erste Nachwuchs ist bereits auf dem Weg, wie ich erfahren habe. Genügend Zimmer haben die umsichtigen Hoffmanns jedenfalls im Voraus eingeplant. Wie es aussieht, sind sie wirklich bestens vorbereitet in ihrem neuen Zuhause gelandet, und einer glücklichen Zukunft steht »bauseits« nichts im Wege.

So wie ich es jedem Bauherrn wünsche!

Alexander Stevens

Sex vor Gericht

Ein Anwalt und seine härtesten Fälle

Vom Sex-Monster, das ahnungslosen Frauen in der U-Bahn auflauert, über den Gynäkologen, der heimlich Bilder des Intimbereichs seiner Patientinnen fertigt, bis hin zur liebestollen Richterin oder der Sex-Sklavin mit sonderbaren Vorlieben – wenn es vor Gericht um Sex geht, offenbaren sich unvorstellbare Facetten der menschlichen Seele. Mal urkomisch und skurril bis hin zu unfassbar und abartig.
Dr. Alexander Stevens erzählt von seinen spektakulärsten Fällen als Anwalt für Sexualdelikte.

Achim Doerfer

Die große Abzocke

Wie Konzerne systematisch
die Kunden übers Ohr hauen

IKEA weigert sich, Fahrkosten zu erstatten. Saturn zahlt den Kaufpreis defekter Fernseher nicht zurück. eBay wickelt annullierte Auktionen nicht richtig ab. Mit Hilfe von illegalen Vertragsklauseln, rechtswidrigen Geschäftsmodellen oder auch nur eigenwilligen Verfahrensweisen machen Unternehmen jährlich Milliarden von Euro. Rechtsanwalt Achim Doerfer hat recherchiert, wie der tägliche Betrug läuft. Er hat sich auf die Fahne geschrieben, der Abzocke Einhalt zu gebieten. Anhand von Musterschreiben, Vordrucken für Mahnbescheide und Hinweisen zur Prozess- und Beratungskostenhilfe gibt er Rat, wie man sich wehren kann.

Alexander Horn

Die Logik der Tat

Erkenntnisse eines Profilers

Alexander Horn ist einer von Deutschlands erfolgreichsten Experten für schwierige polizeiliche Ermittlungen. Bei den NSU-Morden und der Fahndung nach dem berüchtigten Maskenmann war er auf der richtigen Spur.

Erstmals beschreibt Horn nun große Kriminalfälle in seiner Karriere. Und er schildert, wie die Fallanalyse funktioniert – als Beratung für Sonderkommissionen und als Puzzle zur Rekonstruktion eines Verbrechens.

Alexander Horn weiß, wie Täter denken, und enträtselt ihre Sprache.

»Ein Profiler von Weltrang«
Stefan Aust